麥可・馬格里斯——著
Michael Margolis
譯——聞翊均

臉書、Google都在用的
10倍故事力

矽谷故事策略大師教你3個步驟說出好故事，提升10倍競爭力！

推薦序

沒有什麼能讓人刻骨銘心，除了故事

Super 教師／暢銷作家 **歐陽立中**

我常到各地演講「故事力」的重要性。每次我都會這麼問觀眾：「你們記得《資治通鑑》是誰寫的嗎？」大約只有四分之一的觀眾知道。然後，我會接著說：「多給大家一個提示，《資治通鑑》的作者小時候發生一件事，一群小朋友在玩，結果其中一個掉到水缸裡，大家不知道該怎麼辦。只有這個作者，二話不說，拿起地上的石頭，往水缸一砸。『哐啷！』的一聲，水缸破了，這個小朋友也得救了！」這就是很有名「破缸救友」的故事。很神奇的，當我說到這裡。九成的聽眾都會發出「哦！」的一聲，緊接著，此起彼落說出答案：「司馬光！」

你知道司馬光花多久寫《資治通鑑》嗎？可不是三五年，他一共花了十九年！很遺憾的，多數人在中學考完試後，就忘記這本書是他寫的。但是「破缸救友」這件事，明明考試不會考，多數人卻會記得一輩子。究竟，決定這兩者被記住與否的關鍵是什麼呢？

答案是「故事」！對我們而言，《資治通鑑》這是一個「資訊」，資訊精準卻難記；而「破缸救友」是一個故事，故事具體而好記。我常說，這世界上不缺努力的人，但缺用故事把努力發揚光大的人。

麥可．馬格里斯的《說故事的人》，就是要幫助努力的你，透過故事讓全世界看見你。如果你是父母和老師，你可以用故事取代說教；如果你是主管或老闆，你可以用品牌故事取代繁複資訊。就我來看，本書分成三個部分：

第一，為什麼要說故事？

很多人覺得故事拐彎抹角，遠不如直接傳達快。但作者告訴你：「故事能拆除牆」。一旦你想透過說教或宣傳來說服你的觀眾，你就是在「築牆」，你在牆內自嗨，而觀眾在牆外抗拒。但是透過故事引發共鳴，你和觀眾站在同一陣線，一起把牆給拆了。這讓我想到一個很經典的案例，你知道諾德百貨怎麼做員工培訓嗎？他們發給員工人手一本故事集，裡面全都是諾德百貨的情境故事。其中有一個故事廣為流傳：「有一天，有個顧客氣急敗壞的來到諾德百貨，說要退已經購買的雪鏈，服務員諾諾保持微笑，立馬為顧客處理，還安撫了顧客的情緒。可是，你知道嗎？諾德百貨根本沒賣雪鏈啊！」來，你覺得諾德百貨主管，想透過這個故事傳達給員工什麼道理呢？聰明的你一定猜到了，那就是「顧客至上」。故事帶給觀眾的意外和轉折，遠勝說教的冗長與抽象。

第二，怎麼說個好故事？

麥可．馬格里斯非常洞悉人性，他知道人喜歡聽故事，但卻不喜歡聽自我炫耀的故事。偏偏，我們在講故事的時候，為了讓觀眾信服，所以常不知不覺講自己功成名就的故事。所以作者告訴我們：「必須從平凡出發，並歌頌其中的不平凡。」透過自我提問：「你在哪裡出生成長？」「你對什麼事最好奇？」「你曾冒過的最大風險是什麼？」慢慢釀出你的故事。除此之外，麥可也提醒我們，如果你想讓顧客買單你的產品，要懂得：「將顧客打造成英雄！」像是蘋果電腦深諳此道，推出一系列的「麥金塔電腦廣告」。在裡頭麥金塔電腦是創意型男，而他牌電腦是呆板男子。觀眾在笑的同時，也感受到自己的優越感，最後，他自然而然就選擇你的產品。

第三，故事為你帶來什麼結果？

我很喜歡書中的一道經典提問：「當你走進簡報室，你是要帶鐵鎚，還是冰淇淋？」所謂的鐵鎚就是說理，挑戰觀眾的認知，強迫他們進行典範轉移；而冰淇淋就是故事，讓觀眾意猶未盡，創造感動的氛圍。當你意識到所有我們想要推廣的產品，決定產品價值高低的關鍵，除了性能之外，就是「故事」。一個普通的 Zippo 打火機，頂多價值二十美元；但如果是喬治．巴頓將軍用過的打火機，卻是無價。因為人們買的不是產品，而是依附在產品上的故事。

所以，擁有故事思維的人，他們能得到一切想要的結果。他們懂得用故事跟孩子與學生溝通，避開衝突，達成雙贏；他們懂得用故事跟消費者溝通，避開推銷，贏得共鳴；他們懂得用故事與世人溝通，避開說教，留下經典。

記住，沒有什麼能讓人刻骨銘心，除了故事。而要學會故事的技藝，《臉書、Google 都在用的10倍故事力》是你最好的良師益友。

謹將本書獻給故事之神，
祂是我們所有人心中的創意泉源。

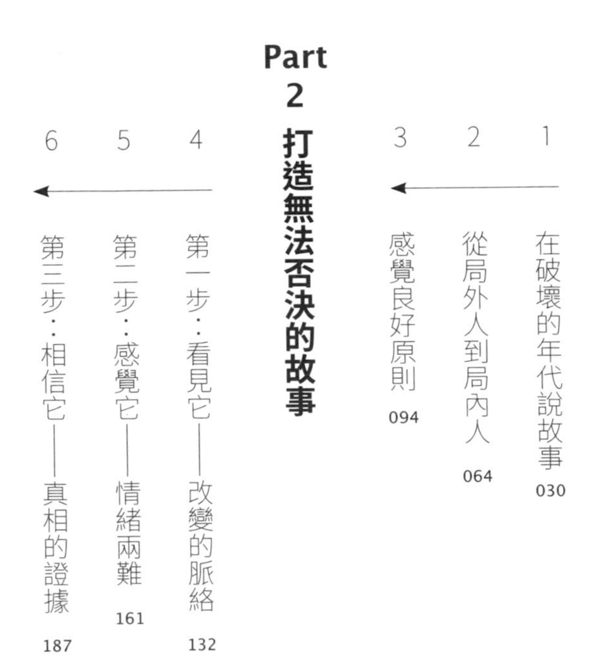

Story 10x

Contents

如果你要說故事的話，就說一個傑出的故事，
不然最好一個字也別提。
——美國著名神話學大師／喬瑟夫·坎伯

引言 十倍故事的力量

我不知道該如何說起的故事只有一個。

二十年前，我試圖成為一個名垂青史的人，和朋友一起創業。我當時是個社會企業家，我將「具有開創性。能顛覆格局。充滿破壞力」等企業原則應用在改變社會上，我相信這個企業將翻轉整個非營利界，我們的創業非同尋常。

即便當時還是九〇年代後期，我們之中已有許多人知道科技將會改變世界。不過轉瞬間，美國就出現了巨大的人才缺口，科技產業中的職缺數量超過了五十萬。我們的瘋狂想法是什麼？我們要為內城區的成年人打造訓練與發展的途徑，讓他們取得高科技產業的工作。我們的組織名稱叫城市技能（CitySkills），為了弭平人們的科技落差，我們全心投入。

眾人很快就接受了這個社會創投。《快公司雜誌》將我們的工作描述為「隱而不顯的顛覆性宣言」，我們在一年內獲得了福特與洛克菲勒基金會投注的基金。我開始針對此類新勞動力現象，向美國勞動部與大量決策者提供建議，也和當時引領時代的幾個科技公司與公益創投合作，沒有任何事物能阻擋我。

但兩年不到，一切就都垮了，我在二十四歲搞砸了一個史詩級創業。

「城市技能」是一個志在創新的雄心壯志。從許多方面來說，這個組織都預言了未來。二十年後，我們的原初目的反而變得更加切合時代，科技的落差依然存在。一如科技業招聘組織安德拉（Andela）所描述：「天才平均分佈於社會中，機會則不然。」此外，正如此領域中許多人曾提及的，至今依然有同樣的問題存在：**如何判斷應該由誰來學習如何編碼、獲得科技業工作，並打造能掌控未來的公司？有什麼商業與社會誘因能使競爭環境更公平？我們的文化與科技會對未來產生何種影響？**

在二〇〇一年時，這個故事領先時代潮流。坦白說，我可能不是最合適的開路先鋒。我只是一個熱愛讀書、過重三十磅、年紀二十多歲的猶太白種男孩。然而，早在那個時候我就已擁有架構並呈現龐大構想的離奇能力。我知道要如何抓住人們的想像力，如何邀請人們去夢想更宏大的夢想。對我來說，重點不是拯救內城區，重點是如何在新經濟時代中，探索我們每個人想要「活得精采」所需要的技巧，能夠存活當然更是不在話下。然而，我卻發現自己必須對抗根深柢固的社會常規、恐懼與障礙。談論族群、貧困與人類潛能並非易事，這與你的年齡或外貌無關。

我的夢想乘著網路爆炸性成長的浪潮，最終摔得粉身碎骨，我發現世界觀與價值系統會在相互碰撞時激起湧浪與強大的底層逆流。在演算法掌控了社會變遷的安全網時尤其如此，這些溝通過程缺乏了某個關鍵要素。我們需要的是新的思考模式、新的詞彙與新的航行方法。

我直覺上理解這個道理。但當時的我還無法言傳。

這是當時的我無法解開的謎團。我覺得受到誤解、筋疲力竭、無地自容。「城市技能」失敗時，我的健康與自尊都因此飽受折磨。我付出一切，最後卻落得重病住院的下場。這只是開端，未來的我將經受更多折磨與試煉。

我花了數年的時間恢復健康，重建人生，重新拓展我的職涯。儘管沒有人喜歡失敗，但這次經驗卻成為了我的起點與轉捩點。用故事設計的術語來說，這次的失敗是一個起始事件。

以後見之明看來，我能在那麼年輕時失敗是很幸運的事。

然而，那次經驗依然沒有為我心中懷揣的各種未解疑問帶來解答：

- 你要如何說出破壞式創新的故事？
- 為什麼有這麼多足以顛覆世界的構想會在傳達的過程中失真？
- 是什麼事物導致社會與文化的改變如此艱難？

這些根本性的問題使許多人陷入苦苦掙扎。要如何在面臨極大困難時使人類體驗進步，如何在面臨固有常規時重新想像商業模式。如何克服難題，創造出全新的、迴異的、更好的事物。

簡而言之，如何把不可能之事轉變為必然發生之事。

我知道我必須釐清我們該如何訴說這種故事——**創新**的故事。

這正是本書的主題。此外，書中也提及了我親身經歷的一段出乎預料的驚奇旅程。我為全世界最具指標性的幾位領袖發展傳遞訊息、簡報與陳述的技巧。花了二十年不斷學習與實驗，和數百個機構合作，訓練了數萬人。在矽谷的道場、《財富》評選前五百強公司的會議室以及各地非營利組織的公司大會中測試我的方法。我創造的敘事使人成功賺進了數十億美金並推銷出無數個高風險創始計畫，我生產的人性化的科技產品如今每天都有數億人使用，我協助他人重新建構氣候變遷、心理測試、科學教育、供應鏈轉型、公共圖書館以及數位時代的歸屬結構。

未來永遠會有更宏大、更重要的故事等待述說，這正是我的工作如此有趣的原因。

我會與你分享我的見解與突破，引導你說出你自身的破壞式故事，更重要的是，我還會告訴你我在經歷磨難後學到的教訓以及失敗，以利你安排你自己的故事。你無須馬上採信這番話，本書會協助你為自己慢慢探索這些概念。人類歷史在在顯示出說故事的重要性，從國王與傳教士一直到著名領袖皆然，說故事即是權力、影響力與文化創造的最終展現。

將現實推向有利於你的方向

傑夫・貝佐斯在亞馬遜已實行一種獨特的會議結構很長一段時間了，高階管理人員安靜地坐著，閱讀與當下討論主題相關的六頁備忘錄。貝佐斯不建議條列式內容，文件必須由連貫敘事構成，在每個人都消化了「六頁報告」後，他們才會開始討論並下決策。

在臉書公司裡，產品小組的領導人每六個月要做一次例行報告，他們必須針對工作內容寫下一份敘述性文件，呈給馬克・祖克伯、雪柔・桑德柏格、克利斯・柯克斯與其他高階主管。主管將依據他們接收這些願景、策略與路線圖的方式，針對產品的未來發展以及這些領導人的事業狀態作出重大決策。

華爾街分析師與媒體很注重波克夏・海瑟威（Berkshire Hathaway）股東報告中的財務狀況，他們也同樣注重，甚至該說是更加注重華倫・巴菲特字句斟酌寫下的年度公開信。巴菲特以原則極強的投資方法名聞全球，他熱愛講述有關於投資組合公司以及市場整體導向的宏觀故事。巴菲特說的原則性故事簡直已經是傳奇了，投資人總是緊咬這位「奧馬哈先知」所說的每一個字不放。貝佐斯、祖克伯和巴菲特，他們都是成大事的人，他們清楚知道故事代表了一切。

誠然，通常這些報告都會佐以大量數據，但意義並不來自於數字，意義來自故事，而故事會描述這些數字代表的意義或能告訴我們什麼事。人類大腦在面對抽象數據時通常會應接不暇，大腦會尋找模式、製造連結。有了脈絡，大腦才能建立正確的觀念，情感上的共鳴能建立關聯性。唯有做到了這一點之後，你才能開始提出證據來驗證並支持你的宏大構想，諾貝爾經濟學獎得主暨《快思慢想》的作者丹尼爾·卡內曼在這句話裡強調了大腦的這種需求：「人之所以作決定從來都不是因為數字，他們需要的是故事。」

過去太常有人教導我們相信「數據會替自己說話」此一概念了，可惜事實並非如此。

每個人在商業界都同樣必須面對三種限制：時間、金錢與人力。這三個限制是形塑與定義真實世界的強迫函數，**我們要如何在前置時間只有九個月的狀況**

下進入市場？我們沒有足夠的預算能完成那種設置！我們就是找不到那麼多夠格的工程師達到產品需求。但我們終究會想到某種辦法來達成目標，說實話，我們全都希望能將現實推向有利於自己的方向，只要有了對的故事，你就能做到。

我們都聽過某些充滿個人魅力的領袖會四處推銷價值數十億美金且能讓未來更美好的夢想，但最後他們的簡報卻在詳細審視下支離破碎，完全失敗。古希臘人早已在伊卡魯斯的故事中警告過我們，小心別飛得太過接近太陽，說故事並非萬全之策，也非萬能之藥。你必須確實履行你推銷過的承諾。在尋求機會的過程中，你必須保持誠信。在現今這個年代，你能浪費的聲譽已越來越少。科技的透明度代表你將越來越難躲藏在謊言背後，你終究會被過去說過的謊言給拖累。想想 Theranos 的創辦人伊麗莎白・霍姆斯（Elizabeth Holmes）你就知道了，她販賣的百億夢想是打造出革命性的血液測試新科技。就算她模仿了賈伯斯，甚至連黑色高領上衣都穿上了，但她的公司依然是個巨大騙局。比利・麥法蘭（Billy McFarland）與全球最盛大但卻從未實現的 Fyre 音樂節也是一樣的道理。在這兩個案例中，他們提出的夢想實在太過強大誘人，以至於就算缺乏證據，聽眾也願意信任他們的故事。在說完故事後，你終究必須履行承諾。

然而，每時每刻都有大膽無畏的夢想正在成真，這就是我們生存的時代。你可以在三年內打造價值高達到十億美金的企業，也能在上傳一支轉發量暴增的影片後扭轉全人類的思考方式。事實上，你的確有辦法增加成功機率，當你與說故事的力量結為盟友，將正確的祭品獻給創新之神後，你就會遇到不同尋常之事。你將能施展魔術，再也沒有難以跨越的障礙，再也沒有無法克服的挑戰。你可以扭轉時間、金錢與人力上的限制，只要以正確的方式應對，這些限制就會延展開來，抗拒地心引力法則。沒錯，這些事真的會發生，我親眼見證過無數次，或許你也見過。

秘訣是什麼？秘訣是理解你該如何安排你的故事。

當人們排著隊說著那些相似的、比較龐大的故事時，你已能移山倒海。

這就是為什麼說故事能轉變成**力量倍增器**。兩倍、五倍，甚至十倍。

這就是為什麼本書叫做十倍故事力。

故事敘述者的核心

說故事遠比可愛的小趣聞或「好久好久以前」的童話還要複雜得多，故事的核心是有效地傳達我們所見、所感與所信之事，傳達出色的願景，我們認為可能成真的世界、我們想要改善的體驗，以及為什麼這樣的改變至關重要。你要以充滿說服力與吸引力的方式呈現故事，使我們忍不住回答：「**我同意。**」

故事敘述者的核心將會成為故事的核心。你必須有勇氣去擁有觀點、表達立場、展現果敢與脆弱，正如與我一起說故事的同事阿敏．哈克（Ameen Haque）的說明：「故事就是用優秀的方式說出的真相。」真相是信任、信念與信仰的核心。雖然本書與宗教無關，但請不要誤會：真正能帶來變革的說故事方式也是神聖之事，說故事帶來的是生命中最重要的意義之一，只不過是以世俗形式呈現罷了。

若你不對抗現存事物，你就不可能履行破壞的承諾，破壞的本質就是如此。

重新定義我們思考與生活的方式——無論是我們吃的食物、旅行的方式，或者應對家人、情感、經濟、身心健康與許許多多事物的方法。當然了，若你缺少有效商業模式、進入市場策略與客戶需求，也同樣無法成功達到破壞，你必須從根本上對生活抱持著實際且冷靜的觀點，再與你的宏大構想共結連理，未來的故事近在咫尺。

你將會讀到什麼：本書概述

我將在本書中教導你如何描述未來，如何以無法否決的方式呈現你的願景、策略與計畫，理解使用數據的適切方式。你要如何作好準備，為你的構想創造出接納區，這是命運的抉擇。我曾看過無數事業生涯在這種決定性的瞬間起飛和墜落，無論你是希望為你的宏大構想爭取高階主管的贊助，或者想要為了贏得下一輪資金對投資人做簡報，無論你是在公司全員大會上當著數千人的面站上台，或者你希望能讓工作小組和跨部門合作的夥伴站在同一陣線，我們實在太常面對互相衝突的敘事了，我們會聽到另一種版本的故事——他們來自衝突的世界觀、價值系統、日程、利益，或者就只是徹底相反的意見。

傳遞構想並非必敗之戰，你要做的就只是找出並打造能讓所有人意見一致的故事，這個故事能讓我們想起彼此的共同之處，超越分歧。

創造**無法否決的故事**，也就是聽眾無法抗拒的故事時，關鍵在於學會**敘事思考**（think in narrative），所有成功的創新與轉型的核心都是敘事思維。在快速改變的世界中，這種關鍵思考方式對領導人來說是必備技能，只要你知道要如何改變故事，你就能改變**任何事物**。

在本書第一部中，你會瞭解何謂**敘事思維**（narrative mindset）。我會告訴你在文化人類學、神經科學與比較宗教學中我個人最喜歡的一些深刻見解，藉此解釋自古以來說故事是如何形塑了人類這個物種。更重要的是，我們將一起探索在如今的快速發展文化與破壞式脈絡中，說故事有了什麼改變。我們也會從神話的角度檢視變革促進者這個角色，並提出一項明確的悖論，通常破壞式新事物的創造都需要局外人的參與，然而實施與延續文化的卻都是局內人，若創新者想要成功向前走，消除這兩者間的張力將會是非常關鍵的一步。唯有如此，你才能履行你的承諾，帶來更好的未來。在這個階段，你的個人故事必須與更宏大的故事緊密相連，學習使這兩方的故事交織在一起的技術既是藝術，也是科學。

在第二部中，我們將進入**敘事方法論**。我會列出說故事方法的三個步驟，告訴你如何打造你自己的**無法否決的故事**。我會告訴你，當你需要在高風險簡報場合上行銷未來並抵抗過去時，你要如何運用這種方法。我在世界各地數百個極具指標性的機構中，以同樣的原則和文字內容替無數高階主管上過課。這些內容被應用在關乎數千萬美金的計畫中，從私募股權簡報一直到《財富》前百大創新實驗室都用這些內容來形塑進階高風險計畫。我會告訴你，你要如何為產品、設計、行銷、銷售或技術團隊把說故事打造成組織才能，你會學到打造突破性敘事的關鍵要素為何。你還會對潛在陷阱，也就是「故事的出口」更加警覺，聽眾會在遇到此種陷阱時因為你的破壞式訊息而感到被批判、被挑戰或者被拒絕。我們的目標是減少或移除這種**出口**。任何會鼓勵聽眾心生防衛或者選擇退出的內容，就是出口。在對的脈絡下，對的故事可以改變世界。你該做的，就只是打造一個接納區，在那裡將你的激進構想會重新建構成合乎情理的劇烈改變。

本書的目的即是處理我們這個時代最巨大也最複雜的故事。科技、金融、健保、教育、環境、社會發展、民主以及各方各面的未來，無論你是在推動整個場域和企業的轉型、應對大型系統性變化或者探索基層的新型基礎，本書都能幫助你塑造突破的敘事，你將會透過此敘事成功通過企業與文化轉變所帶來的複雜狀態與挑戰。

用更好的說故事法創造更宏大的未來

在初次創業失敗後的二十年間，我針對述說破壞式創新故事的方法進行持續的測試與改良。在這段期間，我訓練了世界各地數百個大型組織中的六萬多名領導人。橫跨四個國家、十六個城市、三十四種產業——以及不計其數的文化。基礎原則一直沒有變過，我很期待能與你分享我在這趟旅程得到的成果。

我的夢想是從現在算起二十年之後，**敘事智商**（narrative intelligence）能成為商業領導能力的基礎。成為全球每間商業學校、企業大學和領導能力加速器都會教授的學科。我希望本書提倡的概念能成為明日的領導能力課程中最優秀的實務練習，下一個階段的領導能力即是敘事智商，這就是為什麼我會這麼期待能與你分享本書中的每字每句。

本書將帶給你專為溝通新世代而打造的說故事學派，協助你透過細微的差異解鎖說故事的力量。首先，由於真誠連結與觀點正逐漸成為我們這個時代的交易貨幣，所以你必須使故事與你自己切身相關。其次，無論演變的受限程度有多高，故事都必須具備對未來的信念、對繼續進步的信仰。最後，故事其實就是你對人類生命體驗的觀察，因此說故事需要好奇心與人性。成為精通說故事的大師其實就等於成為精通人生的大師，這是一趟沒有終點的旅程，在破壞的年代中尤其如此。最優異的故事，就是能啟發可能性並釋放人類潛能的故事。

是時候該讓所有人都學會這種新故事了。

未來取決於新故事。

「遇到偉大故事的，總是那些有能力說出偉大故事的人。」

——著名製作人兼主持人／艾拉・葛拉斯

Part 1

敘事思考

所有高效率的進步科技都與魔術無異。

——亞瑟·C·克拉克——
美國著名科幻小說家

Chapter 1

在破壞的年代說故事

我小時候和許多孩子一樣，對魔術非常著迷。

我最早的記憶之一，是和哥哥大衛一起在客廳為一大群朋友舉辦魔術表演。我們非常看重這場表演，身穿黑色斗篷，手持魔杖，看起來像模像樣，然而最重要的是，我們擁有一個非常特別的東西，那就是每位偉大的魔術師都必須具備的詞彙：一句魔法咒語。

而且不是隨隨便便一句魔法咒語都可以，我們的魔法咒語能確保我們把平凡無奇的事物變得不可思議：**阿不拉卡達不拉**（Abracadabra）。

這個咒語很常見，但威力強大，它的起源早已在時間的迷霧中失去蹤跡。有些人認為這個咒語來自古代的美國片語「avra kehdabra」，意思是：「我將在說話的同時創造。」

九成的測試

花一點時間想像一位你必須說服的受眾。

你的執行長、董事會成員、可能的客戶、潛在的領導投資方、掌控了你的命運且難以說服的利害關係人。

你將要面對這位受眾，而且你下的賭注很高，在心裡想像出他們的樣子。你看到了什麼？你感覺到了什麼？你對於即將向他分享的故事有信心嗎？

商業界充滿了這種決定性時刻，你會是成功還是失敗，找到盟友還是對立者，你的故事內容、你的說故事方式以及受眾吸收這個故事的方法將形塑這些決定性的時刻。什麼才能真正影響他們、啟發他們？

現在，再次想像你站在受眾面前，你的心臟狂跳、冷汗直流、口乾舌燥。你即將和對方進行高風險互動，你的願景、資金、訊息、產品或者動機全都危如累卵，未來岌岌可危。

你覺得你有十五分鐘，或者半個小時——能說服你的受眾與你站到同一陣線。

但事實上，你只有五分鐘能說服房間內的九成思緒站到你的陣線。

九成測試是一種絕佳的決心確認練習，初次介紹這個概念給我的是直接公司（Directly）的執行長安東尼・布萊登（Antony Brydon），當時我們正在上簡報發展課程。你在開頭數分鐘的言行將會決定接下來的所有發展。如果你沒辦法在那幾分鐘內啟發你的受眾、勾起他們的好奇心並擄獲他們的想像力，那麼之後你很有可能再也做不到這些事了。

在這寶貴的五分鐘裡，你能說些什麼或做些什麼呢？

你要分享什麼事物才能使他們站到你的陣線？

你有兩個選擇——鐵鎚或冰淇淋。

第一扇門：鐵鎚

拿著一支大鐵鎚走進簡報室，挑戰他們的預設觀點，強迫他們改變想法。

第二扇門：冰淇淋

拿著一支冰淇淋走進簡報室，讓人們感覺開心，創造出答應的動量。

你選擇哪一扇門？

我在矽谷待過很長一段時間，和許多正在破壞產業與創造未來的出色高階主管一起密切工作過，我必須承認，選擇第一扇門的人遠多於第二扇門，而且他們都擁有很好的理由。

如果你選擇了第一扇門，你絕對可以惹惱受眾，甚至有可能讓他們目瞪口呆，但想要讓所有人都站到你的陣線就沒那麼容易了。你會使許多人產生質疑與防衛的心態，抗拒你傳達的訊息，雖然鐵鎚是反叛者通常較偏愛的工具，既戲劇化又具象徵意義（提示：蘋果一九八四年的指標廣告），但鐵鎚也會製造許多痛苦的感覺，在打破玻璃後留下碎片。

如果你選擇的是第二扇門，你必須掛上滿面笑容，誰會不喜歡冰淇淋呢？良好的感覺具有傳染力，冰淇淋比較有可能勾起他們的好奇心、使他們著迷並想要聽更多故事，同意將帶來更多同意，他們會將你視為利益一致或需求相同的盟友，他們會敞開心胸接納訊息，而非封閉自我。

身為創意者暨變革促進者，你天生就傾向於質疑與挑戰現狀，你要讓人們看見為什麼這些事情是錯誤的、不好的或糟糕的。還有人們需要哪些事物才能改善現況。雖然真相與你站在同一陣線，但有誰會在別人說他們是錯誤的、不好的或愚蠢的時候覺得高興呢？公平地說，他們只是作出條件反射行為罷了。每個人都希望自己是對的。然而，當你學會了用超越對錯的方式說故事，你將能帶來真正的重大影響、使情勢變得對你有利並改變世界。

你能通過九成測試嗎？你能讓多數人都同意並接納你必須說的話嗎？又或者他們會反對並拒絕？

這就是你的事業，以及你要面對的決定性時刻，而本書的目的就是教導你如何好好利用這些時刻。

為什麼說故事這麼難？

如果你在閱讀本書的話，那麼或許你正致力於一個宏大願景、一種突破性產品或一項能改變世界的科技，你正在引領商業轉型，正在發展能改變現況的新產品，正在改變你的企業環境的運作方式，正在做過去從沒有人做過的事。

你知道你的作為至關重要。你的心靈、思緒與直覺都感覺得到，這件事很重要，許多人的生命都與此息息相關。但是，正因為這件事太宏大、太複雜了，以至於你並不總是確知你該如何描述它，人們的反應也並不總是符合你的期待。

如果說故事真的是與生俱來的能力之一，為什麼會有這麼多人認為自己的說故事技巧爛透了呢？

這個核心問題困擾了我好多年，公平來說，我們這些創新者暨變革促進者想要分享的故事總是特別難以描述也特別難以理解，在述說破壞與創新的故事時，傳統的說故事方法是沒有用的，因為經典故事通常都是道德故事，誰是對的？誰是錯的？我們將會在第三章進一步探索這種說故事的結構，以及不同的故事會對大腦與生物學產生何種影響。講得直白一點，破壞就是會產生防禦性免疫反應。當人們的基本信念受到挑戰時，他們會反射性地進入抗拒狀態，這是自保能力在發揮作用。

充滿野心的改變與轉型是難以看見、想像或揣摩的。當這種改變前所未見時更是如此，破壞式科技正在重新定義真實的概念。我們如何尋找人生伴侶並約他們出門？我們如何投資金錢與計畫未來？我們如何在凌晨兩點叫塔可來吃？如果你的工作是推銷破壞式科技的潛力，你就必須重新想像並解釋清楚，一個新的外表、互動資源、模式或客戶體驗流程為什麼會對使用者需求產生劇烈影響。你試著想要用故事來描述未來，而這個未來是你的聽眾無法想像或看見的，這也難怪這個故事會在傳達的過程中失真了。

破壞並不是一個容易述說或易於瞭解的故事，從定義上看來，破壞一舉代表的就是你做了「不應該」做的事，你在挑戰現有的標準，你跨出了過去眾人認為可接受或可能的範圍，我們將會在之後的章節提到，多數受眾很難接受這樣的事情，當你對他們提出建議，說他們的世界與信念有瑕疵時，只有極少數人會直接回答：喔，**你說的對耶，謝啦！**

然而我們依然不斷嘗試著用同樣的方法說服他們。

「我們應該謹記，在論及處理時的困難、進行時的風險以及成功中的不確定性時，沒有任何事情能超越『帶頭向世人介紹新秩序』了。因為對於在舊制中活得很好的那些人來說，創新者都是敵人，而在新制中能活得很好的那些人則都是冷淡的辯護者。」

——馬基維利

如何打造不可抗拒的未來

想要述說破壞式的故事，你必須要用新方法。

你需要一種新的故事。

也就是我所謂的「十倍的故事」，本書的目的就是教導你如何**打造無法否決的故事。**

十倍的故事能呈現宏大的破壞式構想，用一種難以拒絕，甚至無法拒絕的方式說出故事，把不可能重新建構成必然發生。

十倍故事有三個關鍵階段，我將會在本書的第二部中說明。

無法否決的故事遠比趣事還要吸引人，遠比「以假扮真」還要更發人省思。無法否決的故事是一種策略性敘事，能把你的受眾轉移到未來，引領他們開啟一趟旅程，超越已知的世界，抵達機會的應許之地。這種故事能傳達新的願景、策略和路線圖，而且故事的說服力與吸引力強大到受眾們全都會無法自拔地看見、感覺到並相信你描述的未來。簡單來說，他們會想要你推銷的事物。因為你的構想是個不證自明的事實，能讓人產生共鳴。

故事	敘事	故事＞敘事
設定	脈絡	用充滿理想的方式呈現未來——改變如何帶來機會。
衝突	情感	打造同理感，描述渴望與難題之間的鴻溝。
解答	證據	提供支持性數據來合理化宏大構想提出的承諾。

「所有能被發明出來的東西，都已經被發明出來了。」

——一九八八年，美國專利局局長查爾斯．H．杜爾

「我覺得全世界的電腦市場大概總共只需要五台電腦。」

——一九四三年，IBM董事長湯馬斯．華生

「『電話』這玩意兒的缺點太多了，不可能有人會認真考慮把電話當成溝通方法。對我們來說，這東西從裡到外都沒有半點價值。」

——一八七六年，西聯公司內部公告

「哪有人會想聽演員說話啊？」

——一九二七年，華納兄弟共同創始人H．M．華納

「我們不喜歡他們的聲音，而且吉他音樂已經要退流行了。」

——一九六二年，迪卡唱片拒絕披頭四

「路易斯・巴斯德的細菌理論根本是可笑的幻想。」

——一八七二年，法國土魯斯生理學教授皮耶・帕切特

「比空氣還重的飛行機器是絕不可行的。」

——一八九五年，皇家學會主席克耳文勳爵

「六百四十KB對任何人來說都很足夠了。」

——一九八一年，微軟執行長比爾・蓋茲

在《說故事的人》第一部中，我會協助你理解，為什麼我們在呈現與行銷破壞式創新時會需要這樣的敘事結構，在本書的第二部中，我將逐一介紹三個

步驟的明確細節，配合大量應用範例並解說其中的細微差異。

若你能有效地創造出**無法否決的故事**，你就能將你的未來增強十倍。

矽谷是個翻轉指數型思維的地方，他們鼓勵工作小組以十倍解決問題。在多數組織中，百分之十的成長會被視為可觀的成果或進步，但這種進步是逐步遞增式的創新。相較之下，十倍的成長代表的是破壞式創新，是對完全不同量級的規範產生衝擊，當你在談論的是作出破壞式改變時，請把目標放在十倍成長。

無法否決的故事就能做到這一點，甚至更多。

破壞與抗拒

商業的根基是說服力，說服力的根源是故事。

如果你與多數創新者相似的話，你在觀看世界時眼裡看見的會是可能的未來，你的信念超越了構想中的疑慮所帶來的陰影，你知道你的構想有潛能可以改變局勢，可以創造價值，可以使現況變得更好，可以轉變使用者體驗，可以帶來超量的成果。問題在於，並非所有人的視野都像你一樣。事實上，你會遇到非常多人都不瞭解、不在意或不相信你所說的話。

事實就是：多數人在看見破壞式構想時會變得難以說服，當這個構想對我們抱持的世界觀提出質疑時尤其如此。人類在遇到這種狀況時的本能反應就是質疑、猜忌甚至防備。因為你的新故事很有可能直接挑戰了舊故事的傳統正當性。所以，我們很有可能會覺得你是在批評我們是錯誤的、不好的或愚蠢的。

這就是當你對現況提出挑戰時會發生的事。

創新與轉型從定義上來說是一種反叛的舉動，對多數人來說，反叛會引發恐懼反應，抗拒即是新事物的敵人。大膽的創新想法有可能會被這種抗拒反應扼殺在搖籃，就算是能改變世界的最偉大突破、最有遠見的企業轉型和最令人耳目一新的激進解決之道，都有可能會被抗拒的力量箝制潛能。

破壞正在吞食世界，每次有創新的想法出現，你必定會遇到試圖力挽狂瀾的反面故事。Airbnb 顛覆了飯店業者的壟斷生態，在 Airbnb 破壞不動產租賃市場與社會住宅時，地方政府不斷反抗，然而 Airbnb 也帶來了大量的新機會。許多屋主都稱許 Airbnb 協助他們創造了第二筆收入，讓他們得以生存下去或獲得成功，也有許多旅客喜愛 Airbnb，因為能夠藉由這種方式認識真正的地方精神，像當地人一樣生活，就算這種魔幻時刻十分難得，但依然無損其價值。重點在於，破壞是一個多面向的故事，你永遠都必須面對一系列的反面故事，反對說故事者解讀現實的方法。也就是說，你最好準備好一個強而有力的**無法否決的故事**，去克服這些對抗你的逆流。

改變敘事是異端之舉，但這也是想要轉變文化時最有力量的方法之一，無論是在公司、國家或社群中都無二致。十年前，誰會想到我們現在竟然會辯論我們希不希望社區裡面出現自駕車？或者我們該不該接受人們可以透過理查・布蘭森的維珍銀河募資專案，預定飛往太空的旅程？又或者該不該讓機器人用它們的電子眼覬覦我們的工作？全都是異端邪說。

敘事已經歷了根本性的永久改變，魔術表演已開場。

你將會在本書中進一步學習到，為什麼關於變革型轉變的故事——也就是你想要告訴全世界的故事——會被當作是異端邪說。你會發現這些故事帶給受眾什麼感受，你會明白異端者是誰（溫馨提示：異端者就在你身邊。事實上，很可能**就是**你）。你會瞥見足以將異端邪說轉變成不可否認故事的魔法，你還會理解為何說故事會是我們現今能用的技術中最先進卻也最基礎的一種。

我們歌頌並榮耀那些高瞻遠矚的人，那些敢於夢想更宏大夢想的人，還有在我們之中那些挑戰現況並重新定義可能事物的人。與此同時，我們應謹記魔術也一度被認為是異端邪說，形塑、定義並鍛造歷史的，總是那些異端者，總是那些改變局勢的人，總是那些破壞者。但你無須為你的遠大志向犧牲性命，現在有更好的一條截然不同的路。

無法否決的故事能為你做什麼？

學到這種新敘事方式後，你將擁有啟發與影響他人的魔法力量，這種方法你只有在夢裡見過。這就是為什麼《富比士》認為說故事是「未來最重要的企業技巧中的第一名」。然而直至今日，僅有寥寥幾本書和極少資料著手處理我們該如何把說故事應用在傳達新事物與建造未來上。

如我們先前已描述過的，破壞是難以傳達的故事。

如果你是高階執行者，你需要建立企業敘事來傳遞你的願景、策略與路線圖。也就是告訴眾人我們是誰、我們要去哪裡以及我們要如何抵達目的地。這種敘述對於你領導公司的方式有至關重要的影響。你很難在只使用目標與關鍵結果（Objectives and Key Results，簡稱OKR）的狀況下激勵員工——以我們的其中一位客戶為例：收入二十億美金，認股人基本收入兩千五百萬美金，淨推薦值五十。對數千位員工來說，這段敘述沒什麼振奮人心的作用，OKR是個非常棒的工具！只不過OKR需要有吸引人的願景來作搭配，畢竟願景才能夠激勵員工翻山越嶺，克服一路上的阻礙。

你在轉換策略時，也必須轉換故事。

人們想要成為更宏大故事中的一部分。不幸的是，多數公司的前進速度都太快了，所以你的員工很容易在途中迷失，他們不再知道自己身處何種故事中。你必須多花一些時間，捎上所有人。我時常看到執行者、管理者和個人貢獻者這三個層級之間的敘事出現落差。身為領導人，你的責任就是呈現並傳達足以團結所有人的下一階段敘事，這麼做才能使投資人、員工、客戶、新鮮人以及所有與你的未來相關的關鍵利害關係人都產生共鳴。

如果你是事業單位或特定職能領域的副總裁，你的敘事要能傳遞你的工作有何價值，你必須持續向高階主管行銷，取得他們批准的隔年預算、員工數和優先權。你也必須和跨部門的同事（正是那些有時會和你競爭相同需求與利益的同事）建立良好合作關係。你必須無時無刻同時兼顧核心商業需求與你想要創新的事物，一個夠宏大的故事能讓你成功獲得更多時間、金錢與人力，以便達成目標。

如果你是管理者，你很可能會陷入許多決策相關的難題之中，你和第一線工作人員之間的距離不算太遠。或許你最近才剛被提拔到管理職位，讓我告訴你一些新消息：使你走到如今這個地位的能力，不會使你前往下一個你想去的位置。身為管理者，你的成功來自於管理**人**，而不是達成實際的工作。這代表的是你的軟技能，包括同理心、信任與溝通——才是真正使你與眾不同的能力。你一直很習慣主管評估你的能力時，用的是你的工作品質、達成OKR的方式以及呈現工作進度的指標數據。然而數據、產品和設計永遠都不會是擺在那裡就能讓人理解它有多好的事物，你必須學會如何建構企劃案、談論更宏大的構想和機會，並確保自己不被跨部門的同事籠絡。

談到這裡，讓我們花一點時間檢視現代組織中的各個主要職能領域。

如果你是產品部門領導者，你的工作就是脈絡化「你的產品如何影響顧客／使用者／會員的生活」，你必須將塞滿了各種科技特質與功能的產品路線圖，轉變成具有遠景又能夠啟發與影響他人的故事。

如果你是設計部門領導者，你必須代表使用者發聲，教導公司中的其他人如何設計出更加以人為本的體驗。你也必須教導他們，「設計」在企業轉型中扮演的是關鍵角色，重點不在於設計能帶來漂亮的像素或者錦上添花。設計的重點在於你的產品、服務或解法對人類生活產生的影響之中存在的靈魂——還有他們與品牌體驗有所互動時的感受。

如果你是行銷部門領導人，你將得以全新的方式和客戶溝通。人性化一些通常科技程度極高的複雜產品，帶出互動性更強、透明度更高、參與度更廣的風氣，使顧客在品牌故事與社群中擁有自己的聲音。

銷售部門領導人也一樣，你必須在面對可能客戶時採用諮詢性更強的方法，這些客戶已厭倦了人人通用的單一解決方案，而且老實說他們都痛恨「接受銷售」的感覺。每一位客戶都認為自己是具有獨特需求與特性的「獨一無二的雪花」。他們需要一種新方法，突破銷售對話，建立更深層的默契、信任和人際關係。

最後，如果你是人資部門或學習發展部門的領導人，你要完成的艱鉅任務是重組人才，引領公司邁入二十一世紀。你必須招募數千名新員工，讓他們投入工作、接納不斷快速變化的企業文化並在其中找到歸屬感。

無論你的位階在哪一階層，說故事都能讓你直搗核心。

用無法否決的故事改變一切的二十一種方法

你希望能為了你想創造的未來述說正確的故事。當你學會了**無法否決的故事**的三個基礎步驟後，你就可以利用這些步驟成就更多種你想要的成果。使你從個人貢獻者晉升為管理者、再晉升為領導者的，不是出色的職能技巧。而是純熟的溝通能力，所有最傑出的領導人都是最傑出的故事敘述者。在你能夠塑造出**無法否決的故事**後，你就可以……

1 創造使眾人團結一心的策略性敘事。

2 使執行者認同你的願景、策略與路線圖。

3 確保你能獲得投資人提供的資本或下一階段贊助。

4 闡明企劃案以及你所做的事有何價值。

5 傳達破壞式科技的潛能。

6 成功實踐轉型的承諾。

7 在跨部門小組中創造共識。

8 將產品路線圖轉變成具遠景的故事。

9 在季度工作會議報告中清楚描述工作內容與進度。

10 克服改變時需面對的障礙與抵抗。

11 將數據轉變為能夠影響決策的見解。

12 在面對複雜並導致分歧的議題時轉變他人的感知。

13將那些能加速你的企劃但難以任聘的人才納為己用。

14將你的構想轉變成能夠形塑對話的思維領導（thought leadership）。

15創造歸屬感，進而創造高績效文化。

16向服務對象展現出同理心與關懷。

17發展出領導風範，在不穩定時期為眾人指明方向。

18使不同的利害關係人為共同利益團結一心。

19在不具有正式權力時仍能表現出影響力。

20在通往高階主管的道路上更上一層樓。

21將絕無可能轉變為必然發生。

故事 vs. 敘事

在進一步說明之前，先讓我們研究一下故事（story）與敘事（narrative）之間的差異。兩者之間的差異是敘事性策略的基礎。如今有越來越多矽谷企業和需要銷售破壞式未來的人已全心接納「敘事性策略」這個新興論述了。

原因如下，將故事形式簡化成最簡單的形式後，你會發現重點在於角色以及他們遇到的事件。正如作家麥可．路易斯的定義：「故事就是——人與事件。」

故事有開頭、中間過程與結尾。我們透過故事探索角色面臨的渴望、困境與選擇。你可以把故事當成描述了時間與空間，並敘述特定片刻發生了哪些事件的趣事或小插曲。故事讓我們獲得娛樂、領悟甚至人生教訓。它創造出一種共享的情緒體驗，使我們彼此連結。顧客的故事。產品的故事。「行動價值」的故事。新員工進入公司的故事。

挑戰於焉出現——在商業界，我們每天都在故事之海中游泳，每個人都有故事，從董事會到員工一直到社群媒體都有故事，無窮無盡的故事。數億個、數兆個故事，每個故事都至關重要。

在這樣的環境中，你要怎麼做才能透過一個共享的故事使事情變得合理且有意義，甚至透過這個故事使每個人站在同一陣線呢？

這就是敘事的角色與力量，敘事能界定框架。

相較於故事，敘事更加宏大，敘事是一種觀看世界的方式，一種能影響意會與決策的全局性概念，敘事不一定會像故事一樣具有明確的開始、中間過程與結果。多數時候，敘事展露的是一個時間區段。也就是說，尚未有人獲得結論！

無論敘事是複雜抑或簡單，一定都會有對抗的敘事存在。

最基本層級的敘事可以是一個相反的論點。舉例來說，美樂淡啤酒在宣傳「超好喝」和「不會漲」這兩個優點的廣告中，讓抱持這兩個觀點的啤酒粉絲以有趣的方式彼此針鋒相對。例如「美國夢」這種更加複雜的敘事則像試金石一樣吸引了無數世代的人。美國夢體現的信念是，無論你是來自何方的何許人也，你都能在美國創造出更美好的未來。從歐普拉的真實人生一直到《大亨小傳》這種虛構傳奇，有許多故事都描繪了美國夢這個敘事，直至今日依然有許多政治辯論圍繞在美國夢以及誰能達成美國夢此一主題上，如果說每個故事都是一顆珍珠的話，敘事就是項鍊。

把珍珠串起來，就能形成規模更大且互相連結的含義，敘事在更宏大的層面上把點連成線，利用一系列的故事描繪並驗證你的訊息，使之充滿生命。敘事能使更廣闊的願景有意義、展現可能的未來，並闡述為什麼我們該往那個方向前行。

若想使未來栩栩如生，你需要的就是敘事，故事通常描述的是過去，是時間裡的某一點，未來則比較抽象——未來充滿各種可能性。沒錯，你可以寫下描述未來的科幻**小說**，但那就是科幻小說。小說有很大的風險會使你將目標瞄準在過高的期望與信任上，如今有一整個領域的人都致力於情景計畫或未來預測性的工作：他們在做的就是長期展望，並調查有哪些影響較大的未來趨勢會重新建構這個世界。我們時常與使用者體驗研究小組共事，他們必須將自己的見解轉變成企劃案，找到願意將他們的見解商業化的業主。但對於多數人來說，這種說故事方法的距離太過遙遠了。

多數時候，客戶需要的是描述現存機會的敘事，他們能如何利用這些機會在未來的十二至二十四個月中實現野心勃勃的目標與期待，在我們與全球最大的社群網路公司之一合作的企劃中，我們要為一個擁有數億名「進階使用者」的產品小組釐清社群建造的未來。在此案例中，究竟有多少個故事存在？數百萬個！這就是為什麼在你向高階主管做簡報並試圖影響他們時，全局性敘事會如此重要。我們提出的敘事描述了數位年代的歸屬結構——人們對身分認同、人際關係與連結的感知如何變化——這對整個公司及其巨大生態系中的十數種其他產品都造成了龐大衝擊。

如果你要在如此高風險的極端狀態下溝通，卻又無法明確分辨故事與敘事之間的差異，那麼你很有可能會使訊息在傳遞的過程中失真。又或者由於訊息對於質疑的聽眾來說顯然太過複雜，導致失敗。在面對複雜概念、破壞與商業轉型時，組織真正需要的是更宏觀的故事。在季度工作會議、公司全員大會以及投資人簡報這一類的決定性時刻更是如此。

希望你已開始理解，敘事對於所有想要改變現況的人來說有多關鍵。敘事能幫助人們見樹又見林，能建造策略式感知與意義，能統合前行的軌跡。只有極少數公司會告知內部領導者該用何種結構或模式來敘事，當你想要傳達你或你的小組做了哪些突破時，一個單純的封閉迴圈故事是無法深入描繪出破壞式願景、產品與構想的，你必須更進一步。

你必須使用敘事性思考。

這就是**無法否決的故事**最重要的目的，如今世界各地有數百個組織都在使用這種說故事方法，從《財富》前五百強公司到創建期新創企業都含括在內，**無法否決的故事**提供的是敘事思考需要的工具與語言，無論你身處何種環境，無論你身處哪個產業、領域或部門，你都可以使用這個工具。因為一旦你能夠使用敘事思考，你就能重新建構敘事，這就是能使任何破壞式故事以完美姿勢落地的關鍵。

所以，我要請你幫我一個忙。現在我們已經檢視了故事與敘事間的差異，為了不要把事情搞得太複雜，我要請你在我們進入第七章之前，都把這個概念暫時拋在腦後。在本書中，我通常會把「故事」或「說故事」當作預設用語，因為故事對我們來說比較熟悉。但請記得：雖然我們認定與使用的是「說故事」這個符碼，但真正能為我們帶來無價獎賞的依然是**敘事**。

新式說故事：破壞的語言

自從人類在五萬年前初次在洞穴與石塊上畫畫開始，說故事便順應文化與脈絡的改變不斷演化。這就是為什麼我們需要最適合二十一世紀轉變時期的新式說故事法。從莎草紙到電視，每一個新的故事科技都需要自己的語法和結構。需要為了媒介與相對應年代量身打造的語言。

每一種新語言一開始都必須驅逐舊語言，舉例來說，電影製片者花了數年才創造出真正使用電影語言的電影，而不再使用從劇場借來的語言——場景、對話等各方面的概念都含括其中，他們終究學會了如何使用只適合電影這個媒材的獨特攝影位置、攝影角度、光線、色彩、特寫、移動、聲音與編輯方式來

故事	敘事	故事＞敘事
設定	脈絡	設定場景／什麼事物正在改變
衝突	情感	複雜的渴望／困境
解答	證據	這是真的／可能的

說故事。我們如今也正在經歷同樣的變革，社群媒體改變了說故事方式的脈絡與語法，我們在說故事時需要更高層級的透明度、情緒性與協同性，這徹底違反了企業的傳統管理與觸及方式。

若你有一個變革性故事想要分享給他人，那麼你需要做的事絕對遠超過述說一個出色的逸聞趣事，你必須建架構更宏大的景象，讓他們看見觸手可及的機會。你必須描述情緒性的內容，鞏固人們的感受，你必須協助你的受眾去相信，這個願景可以透過何種方法達成，以及為什麼他們可以（也應該）信任你會實踐這個願景。

若你的訊息挑戰了現況、違逆了常規或者宣告激進的突破，那麼是時候該把傳統的說故事語言拋在腦後了。為什麼？原因很簡單，因為在如今這個快速轉變的時代，傳統的說故事語言已經不如以往有效了。

是時候該學習破壞的新語言並使用它來創造故事了。

本書取材自過去將近二十年間我在矽谷各處、《財富》前五百強公司和許多改變現況的全球性組織中經歷的無數例子。接下來我會大量使用我從這些公司發掘出的案例。在這些案例中，**無法否決的故事**以及破壞式語言造成了天翻地覆的變化。舉例來說……

- 如何銷售工作的未來願景以及二十億美金的新型公司園區企劃。
- 如何在二輪投資中為永續服裝開發者的創業投資進行簡報。
- 產品部門領導人如何為一億名進階使用者重新架構社群建造方式。
- 一間大型企業的設計實驗室如何重新定義零售的未來。
- 環保人士如何為氣候變遷發展積極且具啟發性的宣傳。
- 研究學者如何試著讓地球上的每個人都能使用網路。
- 如何在國會中面臨糟糕情勢時保住兩千萬美金的科學教育計畫。
- 大型會員組織如何重新改寫老化的敘事。
- 一個聯盟如何在數位時代建構公共圖書館的角色與價值。
- 設計部門副總裁如何引領轉型，重新想像兩千五百萬名訂閱用戶的使用者體驗。

《說故事的人》是破壞式年代的新論述，在接下來的章節中，你將會學到這種新型故事哲學背後的科學與心理學，你會看到**無法否決的故事**運作的方式與原理。你會學到解鎖這種故事的關鍵能力。

讀完本書後，你將有能力述說你自己的**無法否決的故事**。

你的故事將具有改變世界的力量。

故事的聖杯

讓我們來總結一下。

身為創新的驅動者，你很清楚你的成功與眾人接納新構想時的質疑程度有直接相關性。然而破壞式故事是最難述說的其中一種故事，創新從本質上來說就是一種異端邪說，它會對現況造成威脅，堅持要受眾相信未知的未來。它對人們來說時常是過大的風險，創新會自然而然地觸發恐懼與抗拒。

在如今這個破壞的年代中，我們過去所學的那些有關企業簡報和說故事的方法都已經過時了。如果你指出老問題，並承諾能將世界從這些問題的手中拯救出來，你就是在告訴受眾，那些老方法——他們熟知且適應的方法——是錯誤的、不好的、愚蠢的。他們將因此心生防衛。就算你擁有全世界最適合改變大局的故事，他們也一樣會封閉耳朵與心門。

你需要的故事必須在一開頭就擄獲人心、迅速克服他們的抵抗、向他們展現你的願景為何重要以及他們為何應該付出關注。你需要的故事必須在最初的五分鐘讓房間裡九成的人都與你站到同一陣線，同時避免觸發他們的恐懼。

一則逸聞趣事很難做到這幾點，除非你是說故事的終極大師才有可能。

而**無法否決的故事**則能做到這幾點，無論你過去在公眾演講或表演時表現得有多糟糕，你都可以用**無法否決的故事**啟發並影響其他人。一切都立基於你敘事性思考的能力，以及能否用直白又具吸引力的方式呈現複雜的狀況，這將會改變你在未來為了帶來更大的影響時，建構與傳達破壞式構想的方式。

在破壞的年代中，有一件事比以往還要更真實。若你想要述說一個具有說服力的故事，你就必須理解受眾，他們是你的故事存在的理由。在打造出**無法否決的故事**之前，你必須聚焦於受眾的身分，並以他們為主軸形塑故事，你將在本書的第二部學到如何做到這些事。

雖然你的受眾非常重要，但他們只是故事之所以存在的**半個**理由。另一半理由是你，故事的重點在於建構講者與聽者間的緊密關係。你在請求受眾和哪一個人建立連結？他們要如何信任你並產生共鳴？這就是我們將在下一章探索的內容。

「所有偉大文學都是這兩種故事的其中一種；某人開啟一趟旅程，或者陌生人來到城鎮。」

——美國著名小說家／約翰·加德納

在這一章中，你可以學到……

- **說故事是強大的魔術。**
- **如何打造不可抗拒的未來**
- **破壞與抗拒**
- **故事與敘事間的差異**
- **應用新的破壞性語言**

Chapter 2

從局外人到局內人

在我九歲時，我們舉家搬到了異地。加州洛杉磯。

雖然我是在美國出生的，但在我三個月大時，我們一家人就搬到了瑞士。我們住在洛桑外圍一個恬靜的小鎮裡，是人口約五千人的郊外住宅社區中唯一一戶美國家庭。我念的是法語公立學校，整個童年都在這個風景如畫的歐洲小角落，融入了那裡的法國文化圈。

接著，在一九八五年秋天的一晚，我父母要我哥哥和我坐到晚餐桌前。他們要宣布一個驚喜的消息，再過幾個月，我們就要搬回美國了。

我這輩子的前九年幾乎都是在瑞士度過的，雖然相較於當地人我顯得有點不尋常、有點特別，但我認為自己是瑞士人，而非美國人。我對於出生地的寥寥認識大多都來自於每年假期固定回美拜訪親戚的旅程。紐約、南佛羅里達、芝加哥，我熟悉的就是這些地方，我只在美國電影和電視節目中見過洛杉磯，那裡對我來說是未知的領域。

在我父母宣布這個消息時，我開始思考起未來的新人生。

這次改變使我極度焦慮，但我無計可施，被我留下的那些朋友會怎麼樣？他們會忘記我嗎？我會在美國交到新朋友嗎？美國是我的出生地，但我對美國來說是個外人，我很快就會發現我不夠美國，但我也永遠都不夠瑞士，我永遠都會被視為局外人。我被困在兩個國家、兩個文化、兩個世界的中間。

語言是我一抵達美國就必須面對的嚇人阻礙，雖然我在家時常和父母說英文，但法文才是我的母語。我以前根本沒花心思學過寫英文——因為沒有必要。但狀況很快就改變了。

我當時是（至今依然是）一個書呆子，我的身材圓胖，動作笨拙，沒辦法靠著美式運動（美式足球、棒球或籃球）拯救人生。老實說，我對任何運動都沒輒，我真的努力嘗試過了。我還記得小學時，每天的下課時間都讓我既畏懼又焦慮，我會安靜、緊張而痛苦地站在一旁，等待同學們在進行任何團隊活動時挑選我一起參與，只要我能在倒數第二個被挑中，那天就是美好的一天。

從穿著吊帶短褲的瑞士男孩轉變成會了衝浪與玩滑板的加州男孩，這不是個快樂的故事，我每天都被霸凌，我的人生簡直爛透了。

在那些年裡，創意成了我的避難所，創意允許我做自己，不再感覺到必須融入群體的壓力，是個舒適安全的空間。我哥哥和我受到瘋狂科學家爸爸和教師／藝術家／玩具設計師媽媽的鼓勵，我們打造各種藝術裝置，進行許多科學實驗。我們家的第一條家訓就是：「我們家是一座**探索博物館**。」（我是說真的。）

我母親教我們去車庫拍賣挑出最可能是「超級垃圾」的東西。他人眼中的垃圾是我們眼中的寶藏：一九五〇年代的褪色《生活》雜誌、古董車、卡車和各種玩具，還有形狀尺寸各異的無數盒子。我們把這些材料組裝成想像中的世界，紀念某個物件、某個人或某個主題。我當時尚不理解，但這就是我最初也最深入的一堂說故事課，在盒子裡建造一個世界。

馬格里斯家訓（撰寫者是我媽，萊絲莉）

我們家是一座探索博物館。
沒有人會規定你要創造什麼或如何創造。
沒有人會說你不能那麼做……
因為那太瘋狂或者我們以前就做過了。
這裡只有想像，
只有生活的日常素材，
以及我們探索這些素材的意志。

現在回想起來，我成長的家庭創造了一個適合培養說故事頭腦的完美環境。或者至少適合培養說故事的一半要素：充滿創意火花的頭腦，另一半要素是更大的挑戰：找到我的群落和社群的能力。因為一直以來我的身分認同來源都仰賴「與他人不同」。我和其他人不一樣，我也找不到能讓我跨越這種分裂感與孤獨感的簡易方法，我要花上幾十年的時間才能解除身為局外人的感受，無法融入或不屬於這裡的感受。

根據發展心理學家的研究，我們通常會在大約九至十一歲之間經歷定義的瞬間，這個瞬間會構成我們人生的軌跡或主題。

你這輩子在九至十一歲左右的最鮮明回憶是什麼？

那段回憶有可能令你感到極度的震驚或失望，你在那個瞬間痛苦地改變了你對世界如何運行的信念，多數人會把往後絕大部分的人生都用來重新癒合、重建那個瞬間的斷裂。我們通常會發現，我們的事業熱忱、目標和啟示都源自這些幼年生命體驗。在你成為領導者後，你有很大的機率能利用孩童時期和事業早期的故事來傳遞你的願景和動機。

請留意，我們都知道世界各地多數的優秀指標人物或領導人的背景故事，我們知道比爾・蓋茲是如何從哈佛大學中途輟學並創立微軟的，也知道雖然他有時會表現出奇怪的社會習慣，但無庸置疑是個天才。我們也知道歐普拉克服了孩童時期受創傷與凌虐的經驗，或許她正是透過當時遭受的苦痛才發展出深度的同理心與同情心。學會敘事思考的第一步，就是釐清你自己的背景故事與掙扎，你的人生故事就是最接近你的故事，它是你的親身經歷，它深刻入骨，它是必須由你來說的故事。

在和觀眾建立個人連結時，你的個人故事是關鍵，在你能夠為工作內容雕琢出**無法否決的故事**之前，你要仔細思考自己的生命軌跡、弱點和優勢——尤其是那些可能成為盲點的事件（稍後會對此做進一步討論）。唯有找到屬於自己的聲音、身分認同和自信——包括你如何接受自己以局外人身分經歷的旅程——你才能和你的群落或受眾建立有意義的連結，成為每個人都希望你能成為的領導者。

你無法分離訊息與訊息傳遞者

現今的商業越來越個人化了。的確，許多會議與溝通不需要真正面對面了。然而如今我們的人格特質與溝通風格對成果產生的直接影響卻更勝以往，簡而言之——人們喜歡你嗎？信任你嗎？想要和你交易嗎？

故事會將訊息與訊息傳遞者綁在一起。

人們想要知道你的故事，他們想要知道你是誰，我們為那些向全世界傳遞訊息的人具有的價值制訂了暗語：熱忱、真誠、個人魅力。一旦你理解了自己，你的故事就能清楚明確地傳遞你的價值觀，舉例來說，最傑出的故事能在你不用實際說出「相信我」的狀況下傳遞信任（說出「相信我」只有反效果），認識自己的人就是最有魅力的人。

我並非天生就知道該如何表達自我。事實上，我在將近三十歲時依然時常覺得自己還是那個剛離開瑞士、動作笨拙的胖小子。只不過，如今我已能引領企業界與社會改變，雖然我很早就嘗過成功的滋味，但當時的我依然常在一切事物都岌岌可危的高風險時刻啞口無言。

有一次，應該是在我二十三歲左右的時候，我和事業共同創辦人暨心靈導師尼克一起去參加晚間會議，我為了這次簡報花了一整週做準備。我們的計畫進度落後，我很擔心我們無法達成投資者的期望，尼克那天晚上心事重重（他同時在進行另一項創業計畫），他沒有太多時間或耐心應付我。他惱怒的態度讓我全身僵硬，我在試圖發言時開始口吃，最後狀況糟到我被自己的舌頭給噎到了。

下一刻，我倒在地板上不斷咳嗽，劇烈喘息，以為我要死在那間會議室裡了。最後我喘過氣來，不過接下來的好幾週我都深受當下的窘迫情緒所擾。為什麼我明明如此擅長說話和建立構想，卻會在受眾似乎不在意或者極度蔑視時無法好好表現呢？只要遇到那種情況，我的所有魅力便會全數溜到九霄雲外，就好像有某種隱形力量在起作用，好像我的影響力與說服力遇上了氪石。

那晚過後，我決定再也不要重複同樣的感受了，我必須解決這件事。如何對心懷抵抗的受眾傳達新的、不同的或破壞式的事物，我的說故事旅程可以說是從那個命運之夜開始的。

故事敘述者的核心會成為故事的核心。

如果你的訊息關乎你個人，你就有機會讓故事變得關乎受眾個人。如果你在構想中投注情感，你的受眾便會認為這代表你有動機、韌性與長期發展性。我們全都是不完美的生物，展現出脆弱之處會使你更有可能引來信任與善意。

反過來說，如果你沒有全心投入故事中，情緒的缺失將會造成一塊空缺。在你注意到那塊空缺之前，受眾就會把空缺填滿。如果你的受眾覺得你和訊息疏離和脫節了，他們會開始批判你，如果他們感覺到未解和未確認的內在衝突，他們會自然而然地變得不耐煩與冷淡，又或者他們會用你不認可的方式述說你的故事，想想八卦小報以及他們如何擷取真實的故事碎片再扭曲成他們自己想要的報導，你就會懂了。換句話說，如果你不把故事完整說完的話，其他人會開始幫你說。無論何時，全盤掌控自己的敘事絕對是比較好的選擇，就算你覺得你只是個半成品也一樣，我們每個人都是半成品。

最好的領導者會分享與**他們自身**相關的故事。正因如此，其他人才會相信他們，我知道有一位投資人投資了同一位創業家六次，每次他都把錢賠掉了，但他是願意繼續投資他。為什麼？因為他相信這位創業家，相信他的小賭注終究會帶來回報，這種相信沒什麼道理，或許有一天他的確會獲得回報，唯有當對方理解了你的故事，才會生出這種盲目信仰式的投資。

星巴克前任董事長暨執行長霍華・蕭茲在他的著作《Starbucks 咖啡王國傳奇》一書中，解釋了他是如何向三十位投資人募集了一百六十五萬美元，投資他的第一個咖啡事業每日咖啡（Il Giornale）上。（蕭茲在一九八七年買下星巴克，每日咖啡與星巴克從此合而為一。）在那個年代，蕭茲的故事充滿破壞性，許多潛在投資人都拒絕了，他們認為他的構想太瘋狂，不會有人想買義式咖啡。但蕭茲拒絕放棄，他不斷述說自己的故事。蕭茲寫道：「若你現在去詢問當時的投資人為何他們要冒險，幾乎所有人都會告訴你，他們投資的是我這個人，而非我的構想，他們願意相信是因為我願意相信，他們能成功是因為他們信任一位當時別人沒信心去信任的人。」[1]

如今霍華・蕭茲打算參與二〇二〇年的美國總統選舉，他開始分享兒時在社會住宅成長的故事。他描述他的父親，一位經歷二戰的美國士兵是如何在工作時受傷，之後在沒有健康保險或殘障福利的狀況下，他們的家庭如何掙扎著生存。這段特殊的幼年經歷對蕭茲的個人哲學與星巴克的公司政策造成強烈影響，星巴克是第一個為兼職員工提供健康保險福利的大型美國企業，我們每個人在遇到各種事件時所下的決定以及幼年經歷，使我們成為了現在的自己。

無論在事業上還是個人生活中，故事都是形成人際關係的接合劑，你或許

1霍華・蕭茲與朵莉・瓊斯・楊，《Starbucks咖啡王國傳奇》。

就曾因為你自身的故事而被雇用過，如果你在第一輪工作面試就表現出你是個具吸引力的敘事者，那麼你將會進入第二輪面試，接著進入辦公室，事業由此開始，逐漸發展，通常最後也會基於**故事**而終結。

如果我問你：「你的配偶是在哪裡長大的？」或者「你的父母經歷過的最大難關是什麼？」通常你都會有故事可說，如果我問起你最好的顧客、你的同事、你最喜歡的老闆，你很有可能也有許多與他們有關的故事可以分享。

反之亦然，如果你和其他人沒有任何連結也沒有能夠分享的故事或經驗，你將難以維持長久的情感連結、友誼或合作關係。

練習：探索你的超級英雄起源

超級英雄能抓住我們的想像力是有原因的，回想一下你最喜歡的超級英雄：黑豹、神力女超人、鋼鐵人，他們每個人都有如何取得自身力量的史詩級起源故事，很少超級英雄**天生就是**超級英雄，他們必須透過各種訓練、境遇以及遇到事件時作出的選擇，才能發現自己真實的樣貌。

以布魯斯・韋恩為例，他在暗巷中親眼看見父母被搶匪謀殺時，只是個七歲小孩。在那瞬間，他發誓要用餘生的時間（以及家族的財富）將正義的天平擺正。他花了好多年的時間尋找、進行訓練並接受指導，才找到並實現了他身為蝙蝠俠的命運，高譚市就此改變。

好吧，你並不是超級英雄，我也不是。

但每個人都有一個史詩級的起源故事，能述說我們如何形塑自己現今的世界觀。作家暨人類學家賽門・西奈克提醒我們要「從為什麼開始」，為什麼你在做如今的工作？為什麼你站在現在這個位置？為什麼你對此懷有熱忱？

想要在述說你的「**為什麼**故事」的同時不顯得自我耽溺，你必須從平凡出發，並歌頌其中的不平凡。

探索以下問題：

- 你在哪裡出生成長？
- 你的父母是誰？
- 你這一生鑽研過什麼事物？

- 你對什麼事最好奇？
- 你曾冒過的最大風險是什麼？
- 你生命中最重大的三至五個決定性瞬間發生了什麼事？
- 有哪些幼年的起源事件能解釋你為什麼是如今的你？
- 你瘋狂著迷於什麼事物？你的嗜好／興趣是什麼？

花十至十五分鐘寫下你的答案，你會對於出現在你眼前的事物感到訝異。

我們常會忘記把點連成線，忘記自身起源以及幼年經歷會形塑我們看待世界的方式並成為前進的動力，就算你做得不完美也無須憂慮，在我們的說故事工作坊中，我們會鼓勵每個人以他們發現的素材為基礎，分享一個九十秒的故事，但你可以花上一輩子的時間去解讀過去的杯底茶渣。

關鍵在於用單純的心態歡慶你的起源帶給你的禮物。無論你的過去是輕鬆的，又或者更有可能是充滿需要跨越的掙扎與挑戰的，過去都一樣具有力量。事實上，未開發力量的最大泉源就是你的人生中尚未和解的那一段故事，請你試著與那些曲折迂迴的過去交朋友，從來沒有任何故事是一條直線。

身為文化英雄的局外人

你的背景故事是獨一無二的，但其中的部分事件可能會和多數創新者（包括我）的經歷有相同之處，從某方面來說，你從小到大都覺得自己與眾不同。對任何正在進行破壞旅程的人來說，局外人是十分典型的角色定位，若你是個翻轉家，那麼從定義上來說，你就是在常規之外努力，想當然耳，你會顯得異於常人。想當然耳，你的構想會與眾不同。想當然耳，這種感覺很糟，一點也不容易。

在很久、很久以前，只有極少數人敢於跨出文化的框架，質疑所有人都認為是絕對真理的事物，當時這麼做的人是公然蔑視神明，是異教徒，這是一件極其危險的事，你可能會因此失去四肢或舌頭、從教會被放逐，或者更糟，你可能會被判處火燒或投石這一類的痛苦死刑，遵從你所屬的族群、信仰或社區所抱持的信念絕對安全得多。

不過幾十年前，在我還是個孩子的時候，與眾不同依然有可能帶來死刑，我說的並不是真正的死刑，而是社會意義上的死刑，當時的我是午餐時間沒人想同桌的男孩。或許你會被壞心的女孩子找麻煩。而破壞的年代改變了一切，如今身為愛唸書的怪胎已經沒那麼糟糕了！只要問問比爾・蓋茲和妙麗・格蘭傑就知道了，局外人的地位可以是令人無比自豪的特質，質疑普遍觀點與社會常態的人不再被當作異教徒。你是文化英雄，前提是你有辦法把你的訊息廣傳出去。

「神話是大眾的夢想，夢想是個人的神話。如果你的個人神話，也就是你的夢想和社會的夢想相符合，你將能和你所屬的群體相屬融洽，但如果情況相反，那麼在前方等著你的將會是黑森林中的一場冒險。」

——喬瑟夫・坎伯

過去從來沒有任何主流文化像如今我們所處的社會一樣優待破壞者（也就是創新者、不服從者與革命者）。大學招生人員四處尋找懂得獨立思考的年輕人。公司招聘人員不斷搜尋能充分表現出獨特性與個人特質的創新者，如今的社會十分多樣化，推崇企業家精神，社會大眾再三告訴你，你可以成為任何你想成為的人，做任何你想做的事，無須隨波逐流，每個人都是領導者，不是嗎？

然而……

有一件事從未改變，當你在推動創新時，你依然是在質疑他人認定的真理與現實，你依然必須敢於重新定義界線與常規。就像普羅米修斯，你正在從眾神手中偷取火焰，你必須因這樣的行為背負極大的風險，付出極大的代價，你當然不會被鐵鏈綁在岩石上，讓老鷹每天來啄食你的腎臟，但是嚴重程度其實不相上下。

現今文化非常著迷於局外人——也就是所謂的弱者，這是牧童大衛抵抗巨人歌利亞的故事。但還是讓我們老實說吧，從古至今，一百次的對抗中有九十九次的贏家都是歌利亞，窠臼是難以對付的人類身軀，這個軀體把破壞者當作外來的病毒，認為應該由社會的抗體來摧毀這些病毒，文化的自保能力是與生俱來的。它只是在盡責罷了。

你要如何縮小失敗的機率？你要怎麼做才能在向局內人提出你的激進構想

之後，不但保住你的四肢和生命，更讓他們展開雙臂迎接你？

我花了好多年的時間才找出這些問題的答案，有很長的一段時間，我覺得自己如同奧德修斯一樣，被放逐至離家千萬里遠的地方，我從瑞士輾轉來到華盛頓特區，從來不屬於任何我身處其中的文化。然而公平地講，我並不是受害者，就像所有曾完成使命的人一樣，我選擇傾聽心底的呼喚。因此，我必須和自己的故事產生連結。我必須接受，那些使我無法跨越圍牆進入城鎮的特異之處才是我最強大的天賦。事實上，正是幼年經歷使我如此著迷於溝通與文化創造，正如我最喜歡的諺語所說的：「我們教導別人的課題其實就是我們最需要學習的課題。」

如何保持自己的正確性，又不指出他人的錯誤

你是用「無法融入哪些事件」來定義自己的人生的嗎？如果答案是肯定的，你的身分認同將深植於掙扎、反叛與質疑中，使你成為變革促進者的起始事件——你的幼年創傷、你不順遂的工作經驗、你的特殊成長過程、你失敗的構想。

雖然這些事件都是強大的禮物，但它們也可能會是你通往成功路上的最大絆腳石。創新的驅動力時常誕生於他人的反對，然而那些「他人」不偏不倚正是你的創新瞄準的目標。

在概念傳播方面十分多產的作者賽斯・高汀是這麼描述的：「在提及你販賣的東西時，市場上的每個人都會有一套自己的世界觀……當你的故事與我的世界觀同步時，我們就能開始討論。若不同步，我可能會對你視而不見。」[2]

或者你可能會面對更糟的下場，被驅趕、躲避或忽視。

這就是身為翻轉家會面臨的難題，你帶來了一個充滿未開發潛能的新故事，但你的受眾依舊活在老故事裡。對他們來說，你的新世界觀毫無道理，只是一種針對他們個人的侮辱，既怪異又不同尋常。你的新世界觀對他們的世界觀提出質疑，他們有可能因此覺得不舒服、覺得自己愚蠢或覺得自己就是**錯了**。

想把你的破壞式概念銷售出去，你必須找到方法回到你所拒絕——或者拒絕你的

2 賽斯・高汀，Creating stories that resonate"，Seths.blog，二〇〇八年八月二十日，seths.blog/2008/08/creating-storie

局內人文化中，你要拿出他們願意接受並全心認同的提議。

此外，你在這麼做的同時不能讓局內人覺得他們錯了，就是在這樣的黃金時刻，你們的世界觀將會同步。你是個局外人，是反叛者，是不服從者，是威脅，但突然之間，所有人同聲喊道：**等等！你擁有他們想要的事物**。你成為了他們之中的一員。

你從旅程中帶回來的提議就是**無法否決的故事**。我們將在下一章進一步學習如何建構這種故事，如此一來，你的受眾就不會覺得自己錯了。

但首先，你必須先找到即將展開這趟旅程的那一部分自己。

「文化會在遇上大麻煩時把局外人叫回來。」

——卡洛琳・凱西

把你的掙扎變得更有意義

讓我們先把話說清楚，你要在這裡說出個人故事的目的不是宣洩或療傷，你說故事是為了找到與生俱來的天賦權威，你必須完成這項神話任務才能獲得你的內在權力。如果你敢於做的事情需要的勇氣如同重寫現實、如同從眾神手中偷走火焰也如同對窠臼提出挑戰，人們將會問你，**你以為你是誰啊？你憑什麼有權利這麼做？**

身為局外人的掙扎與痛苦有很大的機會能成為你的驅動力，但若你是個以憤怒、憎恨與復仇心為動力的破壞者，那麼絕不會有人被你吸引。若你無時無刻都在下意識對這個世界說「操你的」，那麼你的構想就不可能長久地發展下去。相信我，我試過了：那種做法沒有用，這驅動了你的熱情、鍛造了你的掙扎、推進了你的痛苦——但你必須好好調解你心中的這些力量，說出個人故事也就是在描述你的人生，其中也包括了你生命中的掙扎。

在描寫人生意義這個領域，鮮少有人能超越維也納精神病學家維克多・法蘭可。在他歷久不衰的熱賣書籍之一《活出意義來》中，法蘭可與讀者分享了他在納粹大屠殺時期於奧斯維辛集中營裡的親身經歷。他見證了許多幾乎難以言述的行為——有些無比黑暗，有些充滿人性光輝。法蘭可從這段令人無法置信的經歷中存活下來後，將餘生奉獻在理解此段人生經驗以及發展「意義治療法」這種心理治療法上。

見證了人性最黑暗的一部分後，法蘭可渴望能理解他和其他同在集中營的囚犯們是如何活下來並向大眾講述這段經歷的，這似乎不只是好運而已。他注意到能存活下來的人都在面對日復一日的暴行時找到了繼續生存的意志。通常能找到力量與希望再存活一天的人，都是能夠從折磨中找出有意義想法的人（例如他有機會能和所愛的人團聚）。

我真心希望閱讀本書的人從來不曾經歷如此慘痛的殘酷事件，但我們每個人都曾以自己的方式經歷過掙扎，折磨不是一場競賽，無論你面對過什麼難關，它們對你來說都是真實經歷，重要的是要如何敘述你經歷的折磨，這才是命運的抉擇。

若你能從掙扎中找出有意義的想法，不讓自己變成你身處環境的受害者，你會有較高的可能獲得足夠的力量掌控自己的敘事。這就是你人生的救贖劇本，能使他人對你的掙扎產生連結感並有所共鳴，沒人想要在你還是受害者時認識你。我們想知道的是你已跨越了生命中的難關，就和我們一樣。

比爾．蓋茲初次創造的產品「數據流通量」沒有成功，明星衝浪選手貝瑟妮．漢密爾頓的一隻手臂被鯊魚咬斷了。史蒂芬．金的第一本書（《魔女嘉莉》）被拒絕三十次。J．K．羅琳的第一本書被十二間出版社拒絕，最後才被第十三間出版社（布盧姆茨伯里派）接受。她在撰寫《哈利波特：神秘的魔法石》時必須領救濟金過活。

你的人生並非一帆風順，你必須在生命的路上學習，讓我先說清楚，你不需要揭露你埋在心底最深處的黑暗秘密。只要分享你的故事中與當下的任務、議題或事項有關的部分就夠了，哪些事情會讓你更容易引起共鳴？

非得說出你的個人故事嗎？

如果你想邀請他人隨你踏上一段傳奇旅程，那麼他們將會想要也需要知道你是誰，你是什麼樣的人？你如何看待世界？你願意為什麼而戰？

如果你想邀請他人進入你的世界，那麼你必須知道**你**是誰，以及你是如何走到這裡的，你必須清楚知道要如何把你的怪異個性與奇異特質，轉變成獨一無二的迷人之處。當你的聽眾開始支持你時，你會驚訝地發現他們對於你的不完美有多麼寬容。

如果你想讓他人和你一樣看見、感受並相信某些事物，他們會想要也需要知道你的動機。為什麼這個工作與你如此切身相關？為什麼你是箇中翹楚？你憑什麼有權利述說這個故事？為什麼我們該相信你？在建構你的敘事並引領我們向前的過程中，你的個人故事與你的天賦權威休戚相關，受眾在聽見缺少了個人故事的敘事時，就算隔著千山萬水他也能看見作假的跡象。

你的個人故事是推動**無法否決的故事**的引擎。所以，沒錯，你一定要說出你的個人故事。那麼，你該如何開始呢？首先要盤點你的人生經歷，我喜歡透過與超級英雄相關的問題來添加一點趣味性，本章先前的那項練習能帶領你進行這些步驟。

你可以隨便問一個熟識我的人，對方一定會告訴你我是個對巧克力著魔的傢伙，我家裡有第二個冰箱是專門用來存放巧克力的，裡面塞滿了好幾公斤的單一產地精緻巧克力塊。其中有許多十分少見、來自異國或限量版的巧克力塊——例如長在秘魯熱帶地區、厄瓜多、聖多美普林西比、夏威夷和菲律賓的原生種可可豆製成的巧克力。

別擔心，我向來樂於分享。事實上，我在過去數年間舉辦了好幾次巧克力品嚐派對、晚會和人脈網活動，向所有願意沉迷於此類活動的人分享我對世界頂級巧克力懷抱的熱忱，我在社群媒體檔案中宣稱「我是個左撇子，也是色盲，我吃的巧克力遠多於正常人。」每一個禮拜我的推特或信箱都會收到至少一封訊息用巧克力作為破冰話題或者開場白，每個人都愛巧克力。

最近我甚至為全世界的頂級巧克力愛好者創辦了一個秘密結社「巧克力自由」（Choco Libre）。這是說故事的終極練習方法，一個奢華的巧克力會員制社交俱樂部，提供的服務包括了VIP品嚐、品牌活化、企業禮品和各種匪夷所思的事。一切全都立基於我對巧克力、說故事與社群建立所懷抱的熱情。

在我們的公司「傑出故事」（Storied）的工作坊中，我們會教導學員一種名為**故事火花**的技巧，讓參與者反思自己的人生與事業經驗，接著向他的伙伴分享一個九十秒的故事，人們時常在體認到過去有哪些影響與決定性瞬間使他們成為現在的自己時感動到熱淚盈眶。他們也會在這個練習中與伙伴建立預料之外的連結，加深彼此的羈絆與具有共同經歷的感受。在兩分鐘不到的時間內，他們重新定義了對自我與世界的感受，這就是說故事的魔法。如果你能敞開心胸面對他人，允許他們與你的故事建立連結，你將會建立一座不可思議的信任橋樑。

你有個人故事了——接下來呢？

我懂，談論自己可能是你最不想做的一件事，在我們的團體訓練與工作坊中，我曾聽過你能想到的每種反對理由。

- 「我沒有故事。我是不是該編一個？」
- 「我沒那麼有趣，誰想聽跟我有關的事啊？」
- 「我寧願去關注我們服務的對象的故事，而不是我自己的糟糕經歷。」

- 「這會干擾我們正在進行的生意。」
- 「我不重要，我寧願用產品（公司、結果等）的表現證明我們的論點。」

這種不情願的感受很正常，我自己也曾經歷相同掙扎。我花了好幾年的時間才有辦法說出自己的故事，就算到了現在我也不是每次都能輕描淡寫地開口。然而邀請他人進入你的個人故事總是會帶來回報。

> 「事情的真相是：歸屬始於自我接納，你的歸屬程度事實上永遠也不會高於你的自我接納程度，因為相信自己足夠好才能給你勇氣表現出真誠、脆弱與不完美。」
>
> ——布芮尼・布朗

學會越多與敘事思維相關的知識，我就越確定此一事實：自我是所有故事的起始點，故事敘述者的核心將成為故事的核心。

數年前，我在部落格發表了一篇文章，標題是〈你是個故事敘述者，你擁有值得敘述的故事〉。這篇文章引起熱烈迴響，但其中最吸引我的是吉姆・西諾雷利（Jim Signorelli）的回覆：「沒錯，我們全都擁有故事。然而，我們之中有許多人永遠也無法全然瞭解自己的故事有多大的潛能，這是因為我們的故事被藏起來了，藏在我們以為是個人故事的東西之下，而這個東西其實只不過是一份履歷——一段缺乏重要情緒的情節。」[3]

你現在大概已經猜到了，我堅信每個人心中都有一個帶有情緒的重要個人故事。或許不只一個，你該做的事是把它挖出來、拍去塵土並好好使用。等你找出個人故事並釐清其中的道理之後，你要怎麼處理它呢？你的背景故事要如何緊緊結合在你為了事業而述說的**無法否決的故事**上？

一、它能拆除牆：你的受眾能感覺到是否有一堵牆矗立在組織化的故事與敘事者之間，不要建牆，把它們拆除，讓人們看到為什麼你的工作對你而言如此重要。把火力集中在這份工作為何與你切身相關，這能使你成為更容易引起共鳴、更可靠的故事敘述者。

二、它能展現你的存在與主權：正如我先前提到的，如今的商業越來越個人化了，受眾傾向於尋找並信任敘事背後的那個人，如果你和個人故事不存在於敘事背後，你的受眾會認為你的敘事不夠具象化又缺乏主權，如果你存在於敘事中，也掌控了故事的主權，你就能傳遞熱忱與信心。

三、它創造概念式真實：一如你將在本書第二部學到的，打造無法否決的故事可能會是個概念式過程，若你不想讓故事顯得太抽象，從具體的故事元素出發會是個好方法，也就是敘述你最熟悉的事物，而你最熟悉的事物通常就是你曾親身經歷的故事。

你該在何時把個人故事中編織進你的企劃敘事之中呢？這要視情況而定，你將在第二部學到三個步驟，你可以在任一步驟引進你的故事。

你的個人故事可以是改變脈絡中的一部分，形塑部分起源故事，解釋你如

3 吉姆・西諾雷利對麥可・馬格里斯的回覆，"You are a storyteller, and you have a story worth telling."，GetStoried.com，getstoried.com/storyteller-story-worth-telling，發表於二〇一四年八月二十九日。

何開始認同你所提倡的新可能，它能大幅增加故事的情緒，或許還能描繪你曾見過某個人在目標與阻礙之間經歷的掙扎。或者它可以是真相證據中的一部分，例如描述你曾經歷的旅程，並強化你在這一路上建立的專業技能。

你要在哪裡導入個人背景故事，以及你要述說多少故事內容，全都取決於你的受眾是誰與你想如何影響他們。在我們討論這件事之前，我們要先進一步檢視故事是如何影響二十一世紀的大腦、心靈與身體的。能感動我們並餵養我們的，就是說故事。

「人們會忘記你說過的話，人們會忘記你做過的事，但人們永遠不會忘記你帶給他們的感受。」

——知名作家與詩人／瑪雅・安傑盧

在這一章中，你可以學到……

- 將你的訊息個人化
- 身為文化英雄的局外人
- 如何保持自己的正確性，又不指出他人的錯誤
- 為什麼你需要說出自己的故事
- 如何處理過去的故事

Chapter 3

感覺良好原則

我爸爸吉歐夫是食物製造業中的傳奇人物（雖然他從來不會如此稱呼自己）。他是個受過訓練的化學工程師，也是個專業的發明家。他和他的團隊發明了雀巢的瑞士水處理技術，能夠以自然方法去除咖啡中的咖啡因，他也發明了人們夢寐以求的全素漢堡，遠比超越肉品和不可能食品這一類的新創公司用創投籌措到數億美元的時間點還早了好幾年，如今他是美國在杏仁奶與植物基底食品領域的領先品牌加利福亞農場的首席科學家。

我父親的畢生志業就是把食物變得更好——更健康、更全面也更美味。然而發明家的生活向來不容易，他的許多突破性概念總是無法獲得應有的成功。人們夢寐以求的素食漢堡就是一例，他發明的漢堡具有高蛋白質、低脂肪與低卡路里。在試吃盲測中（沒有搭配麵包、生菜、番茄和特調醬料），人們無法分辨他的植物基底漢堡排與普通的牛肉漢堡排有何差異，他和他的商業夥伴一直努力想要銷售這個概念，他們和全國最大的幾間漢堡連鎖業者與快速休閒餐廳見面。我爸花了好幾個小時練習簡報。但在一連串的會面之後，他們得到的回覆如出一轍：「很有趣……但從歷史數據看來，我們的顧客並不想要這種產品。」聽起來是不是很耳熟？

他們全都拒絕了。沒人願意買我爸銷售的商品。

我爸在作好準備，想販賣足以改變局勢的健康漢堡這個願景時，卻遇到了接二連三的障礙，他是個領先於時代的人，各家全國連鎖餐廳的執行者都不打算接受健康漢堡，至少當時還不打算。還有另一個問題：我爸不是個傑出的簡報大師。誠然，他是個天才（我可能有點偏頗），然而他就像典型的工程師一樣，認為只要把他的產品拿出來，產品就會證明自己有多好，吃了就知道了嘛！真理和他站在同一陣線，然而，他依然無法跨越文化的壓力與障礙。

創新構想的問題是這樣的，對創新者——像我爸或像**你**這樣的人來說，創新的構想是個絕妙的新解答，能夠解放人們的思想（或許還能解放他們的味蕾。）但受眾卻不是這麼看待這件事的。對受眾而言，這個構想質疑或者挑戰了他們已知的真相與滿意的現況。

回想一下，你的故事的最終目的為何，你以創新者或破壞者的身分加入戰場不是為了保持現狀，你的驅動力是質疑現狀。問題在於你在挑戰「老方法」時，總是會觸發人們的戰鬥、逃跑或僵住反應。當你的受眾是老方法的建立者、擁護者或捍衛者時，這種狀況會尤其明顯。所以，為了使你的**無法否決的故事**能造成你渴望達到的衝擊，你必須理解幾個與大腦構造相關的知識，哪些事讓我們排斥，哪些事能創造出接納區，哪些事使我們想冷冷地拒絕，哪些事使我們想熱切地接受。

感覺良好原則

我們就像動物界的其他生物一樣，喜歡能使我們感覺良好的事物，我們避免會帶來傷害、糟糕感覺與痛苦的事物，這是基本的生物學原則：擁抱歡愉，避免疼痛，這是我們的生存直覺中最有智慧的其中一環。

我把這件事稱作**感覺良好原則**。若你想改變這個世界對你的產品、動機或訊息的看法，請試著讓人們對他們自己感覺**更良好**，而不是讓他們覺得像坨屎一樣糟，讓我們面對現實吧，事實就是多數人已經承載了過多糟糕的感覺。我們有可能常覺得人生是由一大堆爛事建構而成，而且不斷有大把問題從四面八方往我們撲過來。

多數領導人每天都在面對他人提出的問題——從早到晚都是如此。對同事的抱怨、對客戶與供應商的抱怨、對抱怨的抱怨，這份抱怨清單可以永無止境地延伸下去，往他們的問題裡再添加一個問題並不總是個討人喜歡的舉動。**真正**大師等級的作為是想出一個有關於可能性與機會、讓人感覺良好的積極故事。一位副總裁曾對我坦承他有多渴望能在會議上聽到別人告訴他一些好消息，一些能帶來啟發又令人振奮、讓他願意擁護並支持的消息，但每次會議上，所有人都在找他解決其他人造成的問題並善後。

從直覺來說，這是非常合理的。若能選擇，誰會想要選擇糟糕的感覺？良好的感覺當然比較好。然而，這卻與多數人過去在學習銷售或推薦新構想時受到的教育相悖。過去的教育告訴我們要聚焦在哪些事情錯了，哪些事情有缺失，要診斷出問題所在，提供解決方法，告訴人們他們錯了，再把對的事物展現給他們看。「發明疾病再提供解藥」是廣告界的流行格言，說故事專家約拿．薩克斯在他的著作《打贏故事戰爭》（Winning the Story Wars）中說這個現象是「不適當行銷」。

在過去七十年來，所有人都教導我們行銷產品的唯一方法就是讓人們感覺很糟，告訴他們說，他們有問題，然後提供解決方法。有口臭嗎？這個清新薄荷口香糖能解決你的問題。車子看膩了嗎？這輛全新的敞篷車能讓你精神振奮。然而你會發現，這個在二十世紀最多人使用的廣告與行銷策略如今正逐漸失效，為什麼？

因為我們不知道自己應該相信哪些人和哪些事物。

在矽谷，破壞是一種讚美，每個人都想要成為破壞者，雖然通常你並非有意，但若你稍微留意你傳遞的內容與傳遞方法的敘事結構，你會發現你很容易告訴他人：**你錯了而且你很愚蠢，但別擔心，我可比你聰明多了，我有解答，**

我會幫你解決問題，讓一切變得更好。接著我們才開始思考，那些人為什麼不用我們需要、希望或期待的方式愛我們並擁抱我們的產品。

幸運的是，我們有一個簡單的答案能解決這個困境，讓人們對未來懷有信念。這就是人們最希望獲得的事物，這種信念可以來自領導人，也可以來自他們花錢購買商品的賣家或解答提供商，他們希望能在一天結束時知道未來還有更好的前景等著他們。而你就是那個必須描繪出前景的人，只要有了**無法否決的故事**，這個前景將會令人難以抗拒，甚至無法抗拒。

故事的真正力量，在於你永遠都有權利從新的有利觀點重新解讀過往經驗，這是領導人與創業家在學習這種說故事語言時，必須習得的最重要技能之一。我們無時無刻都必須調整、改變、適應、轉移和改革。當世界改變時——而世界總是在不斷改變，你也必須改變你的故事。當**你**改變時，你的**故事**也必定要改變，如此才能反應出你的新世界。每次你經歷挑戰，你都必須再次調校你的個人故事，以便獲得更好的相關性與共鳴，在你從新的有利觀點重新敘述與重新解讀你的故事時，你要應用的是能夠適應新未來的方法。

「若我要求你思考某件事，你可以選擇不去思考，但若我要你感覺到某件事呢？這下我就抓住你的注意力了。」

——麗莎・克隆

天生就會敘事

研究人員發現，雖然百分之九十的人都說他們認為簡報中的強烈敘事會對他們是否投入產生關鍵影響，但只有百分之四十六的簡報者說在創造成功簡報的過程中，最困難的部分是打造具有吸引力的故事。[4]

你可能會覺得你說故事的技巧爛透了。而我現在要告訴你，你做得到，任何人都做得到，就連我那位工程師老爸也發現了自己天生就具有打造故事的能力。你可以是個害羞、彆扭又內向的人，你可以是個分析力遠勝於創造力的人，就算如此，你依然可以說出一個深具吸引力的故事，秘訣來自於敘事**思考**。

敘事思考是你與生俱來的能力，你的DNA裡中其實就具有創造故事的基因。科學家已經找出了這個特定基因就是FOXP2，他們稱之為說故事基因，除非你罹患了罕見的腦部疾患，否則你一定具有這個基因，而且這個基因是已啟動的狀態，你出生時就準備好要說故事了。

每一個經驗、每一項物品與每一段關係都儲藏在你的思緒中，它們各自都具有一個相關聯的故事，FOXP2這個基因能啟動的是創造意義的認知功能，它能影響我們看待生活中每樣事物的方式，如果你想要讓受眾瞭解意義與動機，那就告訴他們一個故事，用故事反映出他們探求與認同的未來。

我們的說故事直覺使我們與其他物種顯得截然不同，哈佛的社會心理學教授丹尼爾・吉伯特也提及了我們獨一無二的說故事能力，在他暢銷國際的著作《快樂為什麼不幸福？》中，他描述了此一定義人類的特質：想像力。我們夢想與預想的能力，以及把想像的種子轉化為真實的能力——這正是區別我們與動物界其他動物的方式。數十年前，我們的夢想是讓人類立足於月球。如今，

4 切爾希・中野（Chelsi Nakano），"[Infographic] The 2018 state of attention"，Prezi 部落格，二〇一八年八月二十八日，blog.prezi.com/the-state-of-attention-2018-infographic

我們的願景是未來能使用潔淨能源，是解決氣候變遷的方法，又或者是能讓你坐在上面漫遊機場的行李箱（上帝保佑別讓這件事成真）。

人類的神經生物學構造使我們天生傾向於透過故事與敘事理解世界，我們的能力就是預想某種新事物，接著透過故事將之傳達給他人，這就是人類的超級英雄力量。你擁有構想、願景與夢想，接著，透過一連串能夠激起他人想像力的字眼與行動，你把你的夢想變成**與他人共享**的夢想。由此出發，這個夢想將從一個想法變成清楚的實際現實，所有偉大事物都是如此誕生的，這是人類文明的根基，從埃及金字塔到能多益巧克力醬（這可說是從古至今最偉大的發明之一）都不例外。

我們的受眾心懷疑問，他們需要解答，我們分享的故事是否具有共通之處？我們是否用一樣的方式看待世界？我是否能如同信賴兄弟姐妹一樣信賴你，又或者你將對我的生存帶來威脅？你是敵是友？我安全嗎，又或者你會吃掉我？你會很驚訝上述這些疑問有多常在受眾的思緒中無意識地流轉於背景裡，無論你是在行政會議室、記者會或國會聽證會上都無二致，身分認同、群落與歸屬的根源全都立基在敘事結構上。

德國的啤酒製造商海尼根曾做了一場有趣的實驗，拍攝下來並製作成一支病毒式廣傳的影片《分歧的世界》，他們把意見完全相反的人兩兩共處一室。舉例來說，政治信念為右派的人配上一名左派的人，一名公開的女權主義者與一名反女權主義者，一名難民與一名民族主義者，雙方都不知道彼此的信念或價值觀。海尼根請兩人一起執行各種合作組裝活動。完成活動後，兩人已自然而然地建立起友誼、尊敬與同胞情情誼。實驗的尾聲是海尼根向這兩人揭露雙方的信念與價值觀，接著海尼根讓他們做選擇：離開這裡，或和這位新朋友一起喝罐啤酒。雖然他們彼此觀念相左，但每個人都決定和對方成為朋友，一起喝啤酒（喝的當然是海尼根）。

身為一位文化人類學家，我非常著迷於說故事在每個文化的基礎中扮演什麼角色。數千年以來，我們訴說的絕大部分故事都與守護社會秩序有關，我們信任掌權者（薩滿、老者、牧師），他們告訴我們人生的故事。這些警世故事能教導我們正確的行為與適當的秩序，如何保持安全，如何為群落帶來有意義的貢獻。**我們就是這樣狩獵水牛的，不要吃那種紫色莓果、這個水很安全，可以喝。**我們實實在在地靠著這些故事保命。在老虎或海嘯都能殺死我們的殘酷世界中，這就是我們保護與守衛村莊的方法，遵守規定，因為每個人的生活都仰賴於此。

現今的社會則相反，多數故事都在**質疑**與**挑戰**社會規則。**用不同的方式思考，成為你想看見的改變。不要跟隨潮流，你要成為潮流創造者。**我們生活在截然不同的年代，任何人都可以是故事敘述者，正如偉大的社會哲學家克雷·薛基所說：「每一個人來臨了。」世界觀與價值系統在我們的眼前互相碰撞與改變，速度遠勝以往，這也代表了如今有無數故事觸手可及。因此，我們的原始本能被延展到了極限，但我們別無選擇。

所以，讓我們進一步觀察這項本能吧，我們要學習在提出挑戰現況的構想時，如何運用這項本能重新編寫人們將對此構想產生何種回應的腳本。

練習：超前你的時代

創造未來時可能會遇到挑戰是你超前了你的時代。人們不相信你提供的數據，人們害怕離開舒適的現況。為什麼？因為現存的故事，也就是這個時代的主流思想牢牢抓住了他們的信念。

花一點時間思考面對下列問題時你會有什麼答案：

- 你曾在什麼時候覺得超前了自己所處的時代？
- 你是否曾努力想描述對你來說顯而易見的事物，但其他人卻都質疑或不信任地盯著你？
- 你要如何用他人會接受而非拒絕的方式打造你的故事？

數據陷阱：抵達時已死亡

直接END，意思是文章太長，根本沒讀就直接用END按鍵跳到底部。這是網路文化的流行用語。

我訓練過的許多領導人都被迫要提供老闆「直接END」時使用的結論。基本上，老闆們的意思就是「給我底線」。拿出數據與結論就對了，刪掉那些長篇大論。

現代的商業管理方式更加強了眾人喜歡「直接END」的傾向，時間就是金錢。所以直接給我答案，然後給我數據。

然而，如果你的答案將對現存常規提出質疑的話，直接給出答案就不是個聰明的策略了。

回想一下，當你用數據與結論開場時發生過什麼事，通常你的故事都會在抵達時已死亡，典型的回應包括了⋯⋯

- 「這個嘛，你到底是怎麼算出這些數據的？」
- 「我還是無法相信。」
- 「我的解讀不太一樣。」

「科學與說故事並不相悖，科學就是一種說故事的類別，它是真實世界的故事，這種故事的靈感來自對真實世界的觀察。」

——蕭恩・卡羅爾

人們會自然而然地質疑那些挑戰他們現存信念的事物。接著你會發現你只能在批評下進入守勢，你的受眾變成了敵人，他們一點也不在意或相信你的數據與結論。於是你沒有掌控你的敘事，在九成測試上失敗了，你可能甚至倒退到比起點還要更後面的位置了。

許多高階主管都在例行舉辦的季度工作會議上面臨此種窘境，每隔九十天，他們就要向高階管理人員報告自己的願景、路線圖與指標數據，陳述他們的進度與表現，一位來自《財富》前五百強公司的客戶在上台進行了一次災難性的簡報之後開始和我們合作。這位主管在報告的一開始先為了上一季令人失望的表現而道歉，條列出他的團隊為何無法使情勢變得更有利並達到野心過大的預期結果。他當時想著：**我們應該先把壞消息說完，接著就可以進入好消息時間了。**

然而那場會議並沒有長到能讓他進入好消息時間，高階管理人員花了四分之三的會議時間用後見之明訓斥了那位主管一頓，他原本有大好機會能分享並慶祝他們的團隊接下來的走向。

這就是當你失去敘述的控制權時會發生的事情。

這位領導者的可信度受到嚴重損害，變得聲名狼藉，在數週內，他的職涯路徑便急轉直下，他被「分層」[5]了。錯過了升職，頭上多了一個新上司。不過，在我們和他一起合作六個月後，他再次回歸正軌。他取回自己的地位，使用正確的敘事大幅影響了公司的未來。

所以，你要如何快速地切入你的訊息核心呢？在你尚未取得各種能夠證實願景的數據與數字時要如何切入核心？這就是創新必須面對的現實，以及為什麼許多人都在簡報時遇到困難，當你在做的是全新的或沒人做過的事情時，你鮮少能持有實際數據證明你的論點——你要真正實踐後才會有數據。所以，你必須談論一個更好的未來，找到方法讓人們感覺良好，提醒他們可能的機會。這也代表你必須冒著極高的風險，尋找測試與證明的方法，你要蒐集那些能夠證明你的直覺屬實的實驗數據，微調或校正你的願景指標，這將會使你反覆修正這個故事。

隨便找一個事業單位的典型領導人聊天，你都會馬上聽到他們正如何被廣袤如大海的數據給淹沒，每個事業都在同一條船上，努力想要釐清這些數據有何道理與意義。數據沒有脈絡，沒有情感連結，數字就只是數字。我們在這裡要面對的挑戰是，看到數據後大腦很快就會覺得抽象，在數字超過了我們的雙眼能見的範圍（例如好幾萬）時尤其如此，然而你的數據故事中將會慢慢出現數百萬，甚至數十億的數據，而且它們常會是我們必須要說的故事，在大數據的時代，我們擁有無窮無盡的數據集，所以很快就會陷入茫然，不知道該簡報哪個數據，更不用說該選擇哪個故事來說了，其實到頭來，數字背後的故事才是最重要的。

我並不是在建議你不要使用數據，完全沒有這個意思！沒有數據支持的簡

5 get layered，意思是在他與先前能直接彙報的上司之間多了一個主管，他只能向新主管做彙報。

報就像是只有兩片厚吐司卻沒有內餡的三明治一樣，只有一大堆空虛的碳水化合物，但無法提供真正的飽足感。

問題在於你要在**何時**以及**何處**使用數據。在商業界中，常會有人教導我們要「以數據為引導」，但當你用數字開始一場簡報時，你的故事便相當於在抵達時已死亡，數據會促使受眾質疑你的故事，開始吹毛求疵。**這是誰說的？你從哪裡找來這些數字的？**一切只能任憑他人詮釋。

在你以數據及結論做開場時，你就是在暗示受眾你的故事已經結束了。正如凱文．羅伯茲（Kevin Roberts）提醒我們的：「情緒與理論之間的最基礎差異是情緒帶來行動而理論帶來結論。」既然故事要結束了，你等於是在邀請受眾對數據與結論提出質疑與挑戰。若你的提案挑戰了人們的預設觀點時，受眾的反應將會更大，他們可能還沒作好接受提案的準備，至少他們不準備接受你目前的簡報方式。

在你煽動受眾開始質疑與挑戰的那一瞬間，你就已經把他們推進了緊張的狀態中：戰或逃情境，他們不會敞開心胸接納你的訊息，只會心生防衛。

請嘗試以下代替方案，開頭時不要提供數據與結論，而是提供一個歷久彌新的真理，接著以不斷改變的世界與不斷改變的脈絡為背景，提出與該真理相關的幾個問題，這麼做能把我們帶回感覺良好三明治。

你的大腦如何看待故事

一個好的故事能讓我們的精神煥發，讓心臟漏跳一拍。這不是意外。當我們的注意力被問題、衝突或威脅等事物擄獲時，我們的大腦會往身體的其他部位傳送訊號。我的同事坎道爾・海文（Kendall Haven）創造了第一個詳細且經過測試的動態故事建構模型，以神經學的角度解釋訊息接收者的思緒是用什麼方法吸收、理解、記憶和回想敘事內容的。他的兩本重要著作《故事證據》（Story Proof）與《故事智慧》（Story Smart），徹底顛覆了我們在神經與科學方面對高影響力故事結構的理解，提綱挈領地描述了他在故事與敘事理論上的重大進展。

請留意你的大腦傳送給身體的訊息，我們的身體隨時都預備好要在接收到威脅時作出回應與逃跑，這是身體與生俱來的生存本能，腎上腺素會湧入血流中，使情緒立刻變得亢奮，這種強大的物質會大幅提升我們的注意力、力量與速度。我們的脈搏變快，汗水從背部滑落，心中警鈴大作，敏銳地觀察環境，很刺激，對吧？

然而問題就在這裡，如果我們的大腦繼續接收到威脅，接下來就會開始進入荷爾蒙梯級的第二階段。戰鬥、逃跑或僵住，皮質醇，也就是所謂的「壓力」荷爾蒙會進入我們的血管中，皮質醇能讓我們的身體準備好戰鬥或逃跑，但如果我們作出的反應無法讓自己放鬆，最後就會造成壓力。當即將面臨截稿期限、被卡在地獄般的塞車車陣中或被困在越來越激烈的爭執中時，我們感受到的就是這種壓力。

催產素則是完全不同的物種，這種荷爾蒙被封為「歸屬」分子，大腦會在我們感受到深層感連結與親密情感交融時釋放催產素，美味的大餐、完美的日落或熱烈的愛人，此外科學也證明了在吃黑巧克力時血液中也會出現催產素。我們會沉浸在喜悅中，新生兒的父母血液中的催產素含量最明顯，這種設計真是聰明絕頂，我們全都被演化設計成在陪伴嬰兒時會體驗到壓倒性的愛與奉獻感，或者吃巧克力也能讓我們有這感覺，這個宇宙真是美極了。

因此，每個優秀的故事中都蘊含了人類完整經歷的回音，從我們為生存而經歷過的絕望掙扎到欣喜若狂的時刻。

人們買的不是產品：他們買的是依附在產品上的故事

歷史頻道有一個美國電視節目，叫《當舖之星》，是我很享受的俗氣電視節目之一。或許你也看過？

節目的主題是位於內華達州拉斯維加斯由一家祖孫三代共同經營的一間二十四小時金銀當舖，經營當舖的有壞脾氣的祖父「老頭」、負責管理當舖的老闆瑞克．哈里森、瑞克二十多歲的兒子懶惰鬼科瑞以及科瑞的至交、助手兼諧星查姆。

這個節目有點像是美國公共電視網的《鑑寶路秀》，只是有趣得多。

每一集節目會聚焦在幾位可能客戶身上，他們會帶一些想要販賣或典當的物件到店裡。我們會看到這些物件的故事，在某些案例中，他們會找專家來提供諮詢，鑑定物件並評估價格，接著買賣雙方開始議價，試著達成交易。綜合來說是個娛樂性很高的節目。

讓我們以一個 Zippo 打火機為例。

情節一：一個普通的 Zippo 打火機，沒什麼特別的（價值大約二十美元）。

情節二：一個二戰的 Zippo 打火機，上面有美軍第一〇一空降師的徽章（價值大約兩百美元）。

情節三：一個二戰的花押字 Zippo 打火機，曾由喬治．巴頓將軍所擁有（價值大約……無價）。

雖然這是三個同樣的物品，但是三個不同的故事導致了三個完全不同的估價結果，我們買的不是產品：我們買的是依附在產品上的故事。就算我告訴你巴頓將軍的打火機價值三千美元，而且還找來專家證明這個打火機的價值，然後我說要用一千美元賣給你，你會想買嗎？

為什麼不會？

很有可能是因為這個打火機的故事對你來說沒什麼意義。沒錯，它的價值可能真的有數千美元，但你不是Zippo收藏家，你也不是二戰紀念品收藏家，你不會知道要去哪裡或用什麼方法才能找到對這個物件有興趣的買家並轉手給他，也就是說，這個故事不屬於你，不值得你花時間或精力去注意。

我們身處的文化十分癡迷於數字。但請記得，最終的目標並非數字，最關鍵的是數字背後的故事，還有這個故事是否讓觀眾覺得有共鳴、有意義。

保羅．J．扎克是一位知名的神經經濟學家，也是南加州克萊蒙研究大學的教授。在他其中一個著名的研究中，他發現典型的說故事結構會帶來可預測的荷爾蒙反應：先是皮質醇，然後是催產素。請回想一下，典型的故事需要先呈現一些戲劇化發展或困難來抓住你的注意力（皮質醇）。接著到了收尾時，典型故事會給你幸福快樂的結局（催產素）。在比較單純的時代，這種結構很合理，我們會透過這些道德故事學習對與錯之間的差異，學習如何協助群落並歸屬於群落。

但請你回想一下如今的日常生活，回想我們生存的數位二十一世紀中充滿多少嘈雜的聲音，你的社群媒體永無止境地回饋資訊流，二十四小時循環播放的電視新聞不斷報導著最新消息，告訴你這個世界已被淹沒在激進破壞及接二連三的危機之中。智慧型手機源源不絕地推送簡訊、電子郵件、Slack和其他軟體的通知，我們再也不是在傍晚放鬆地圍繞在營火邊、說著打獵故事並享受夜空中點點繁星的那種人了。

許多人無時無刻都生活在皮質醇驅動的「戰或逃」慢性濃霧之中。我們從早到晚都在評估每一個資訊有何價值，試著決定資訊背後的故事對我們的生存來說是否重要，這是一種超越了實用性的古老本能，在這個每個人無時無刻都在溝通的新年代，我們需要用新方法說故事。或許這就是為什麼有這麼多人都在太多壓力、太少睡眠、太多代辦事項與太少可用時間之中掙扎求生。人類文化與生活中的這種劇烈改變使我們開始研究一種新觀點，對你想要創造的新未來而言，或許在故事一開頭就刺激催產素會是最有效的策略。

鏡像神經元的魔術

說故事還會引發我們體內的另一種生物化學反應。妮可・史佩爾斯（Nicole Speers）、傑佛瑞・M・查克斯（Jeffrey M. Zacks）與研究團隊發現，透過功能磁共振成像可以觀察出人們在閱讀故事時會建構出栩栩如生的心理模擬。作者麗莎・克隆認為我們真正受到的影響甚至更深：「在我們**閱讀**到某個行動時，大腦中亮起來的區域是我們實際經歷那個行動時會亮起來的位置……簡單來說，當我們閱讀故事時，我們真的會成為主角，感覺她的感覺，經歷她的經歷。」[6]

換句話說，透過故事體驗到的深層連結帶給我們的感受，就像我們在真正的生活中體驗到那種連結一樣。我們無須移動就能旅行。只要有故事的力量提出邀請，我們就能體驗另一個世界。

6 麗莎・克隆，《大腦抗拒不了的情節：創意寫作者應該熟知、並能善用的經典故事設計思維》。

「每一次白日夢的平均長度為十四秒，我們每天大約會經歷兩千次白日夢。換句話說，我們把多數醒來的時間，也就是我們生活在地球上的三分之一生命，都用來沉浸在幻想中。」

——喬納森・哥德夏

事實上，大腦中的這些區域都被名為**鏡像神經元**的物質給佔據了，這種神經元不只會在我們作出特定動作時有反應，也會在我們**看到別人**表現出相同動作時有反應，無論是在現實中或是在故事中。

說故事是一種虛擬實境聯播，在聆聽傑出的故事時，受眾腦中的鏡像神經元會啟動，並隨著講者的話語而作出反應，受眾將會在心中生動地體驗到故事中的事件，我們會體驗到一種共享的狀態或情緒。瓦肯人的心靈融合出現啦！我敢打賭你一定沒想到會在這本書上學到這個技巧。

所有社群都是由社群內的故事連結在一起的，公司也不例外，我們可以在數位時代感受到歸屬的結構，我們打造了身分認同的島嶼，跨越地理、經濟階級、性別、種族與其他疆界。為了在臉書群組、Meetups、Nextdoor 與 Twitch 等各種線上論壇中認識其他和我們相似的人，並與他們建立連結，我們對生活環境提出挑戰，一個好的故事能啟動故事講述者與聽者的鏡像神經元，在數分鐘內讓你與受眾建立起緊密連結。

但在我們進入下一個階段之前，我們還要再探索一點神經生物學的知識。同理心，也就是將自己與他人聯繫起來的能力，是共享的情感經歷會帶來的產品。

「故事創造社群，使我們得以透過他人的眼睛觀察世界，並敞開心胸接受他人的看法。」

——彼得・佛布茲

催產素——同理心連結

保羅・J・扎克花了很大一部分的人生研究人類的催產素釋放機制，他自己就曾深切體會過這種強大荷爾蒙能帶來的影響。

一天晚上，他在搭飛機回家時看了奧斯卡得獎電影《登峰造擊》。他受到電影感動，最後哭得太激烈，以至於坐在他周圍的人都明顯注意到他有多難過。「那個故事實在太引人入勝，讓我的大腦作出的反應就好像我真的是電影裡的角色一樣。」扎克在二〇一五年於雜誌《大腦》（Cerebrum）中的一篇文章中回憶道。那次經驗令他印象深刻，促使他把對催產素的研究焦點放在大腦如何對故事產生反應上。

扎克進行了一系列的實驗，他讓受試者看影片，有些人投入了情感，有些則不怎麼投入，接著他測量了他們的「感覺良好」催產素濃度。他發現濃度上升的催產素與同理心有關聯。扎克寫道：「催產素的改變與受試者對故事中角色的關注程度有關……如果你對故事投注了高度注意力並在情感上與故事中的角色有連結，你會覺得自己好像也進入了故事的世界中。」

沉浸在能夠刺激情緒的故事中以及隨之而來的催產素濃度升高不只會帶來同理心，也會促成行動，扎克發現人們在看了能夠激起情緒與抓住他們注意力的故事之後，捐錢的意願會高很多。「能使我們集中注意力並影響情緒的敘事，」他最後總結道，「就是能推動我們採取行動的故事。」

扎克的研究、神經科學家悅德．蒙塔古與馬修．利伯曼的突破性功能磁共振成像研究、丹尼爾．卡內曼的著作以及其他種種研究都再三顯示了，我們的理性思緒在一定程度上其實並不怎麼受我們的決策所影響。事實上，我們只是一大團情緒與荷爾蒙組成的「不動腦」生物，在聽見不同故事時，我們大腦中的不同區域會以可預測的方式亮起，這些荷爾蒙在我們體內創造出可預測的情緒，影響我們的信念與決策習慣。

長話短說，生命中一切事物的價值都立基於我們為這些事物賦予的故事上，而這些故事對每個人來說都是主觀的，這就是人類在二十一世紀解鎖的說故事聖杯與魔法。

大敘事戰勝大數據

就算你有了數據，也不代表你知道要如何述說數據的故事。

想想看你要怎麼說以下的數據故事……

MRR = 73%　NPS = 62　COCA = $83　CLV = $335

除非你說得一口流利的行銷指標縮寫語言，否則你可能必須花上好一段時間辛辛苦苦地解密那些藏在縮寫背後的故事以及相對應的數據。你甚至可能需要更努力地思考該如何傳達你對這些數據的詮釋。挑戰於焉出現。

MRR：每月經常性收入（monthly recurring revenue）

NPS：淨推薦值（net promoter score）

COCA：獲取顧客的成本（cost of customer acquisition ）

CLV：顧客終生價值（customer lifetime value）

一旦我們找出密碼，我們就能看懂了，假設你已經能說得一口流利的數位行銷語言了，我們都是依循脈絡的生物。我們會遵循情緒購買商品，再用邏輯正當化購買行為。

如果我在你傳遞的訊息中沒有看到能讓我產生共鳴的脈絡，如果我對你故事中的渴望與困境沒有個人認同感，那麼我自然就會質疑、否認或輕視你的數據。反之亦然，如果我覺得你屬於我的群落，覺得我們擁有同樣的信念與動機，那麼我的認知偏誤以及認同同樣信念的渴望，就有可能會戰勝所有矛盾的數據。

我們每天都在拒絕邏輯的、合理的、明智的論點。

回想一下針對氣候變遷的政治辯論，人們基於自己歸屬的群落而接納或拒絕以數據為證的科學論點，那個論點是否受多數科學家接納並不重要，氣候變遷面臨的挑戰，在於這個故事在過去數年來都顯得太過抽象，它描述的世界終結狀態與日常現實生活之間的距離似乎非常遙遠，現在有了極端氣候事件的驟增、不斷融化的冰冠以及其他環境變化，氣候變遷變得非常真實，非常迅速。然而令人難過的是，這件事對多數人來說依然顯得抽象且難以接受。因此，政治人物與黨派都沒有意願投注十倍的資源作出真正的改變。

讓我在此提出一個我們不願面對的真相，再過十至二十年之後，我們的世界將會變得截然不同。我們所居住的星球上可能會出現數億、甚至數十億名環境難民與經濟難民，將會有前所未見的大量人口從沿岸城市與荒涼農田遷移到地勢較高的地方。

我甚至在撰寫這段文字時打了個冷顫。

所以，為什麼我們沒辦法在面對這個必然發生的未來時預先作好籌劃？談論這件事讓人覺得好像世界末日要來臨了，不是嗎？這是我們這個時代與生存最息息相關的故事之一：人類這個種族自取滅亡的可能性。請想像看看，生活在黑死病年代會是什麼感覺，或者生活在二戰和納粹大屠殺時代是什麼感覺。請想像看看，如果當時有社群媒體的存在會怎麼樣，這就是為什麼學會述說更好的、洋溢生命力的新故事是如此重要的一件事，這對人類這個物種的生存至關重要。

歸根究底，一切都與說故事有關，如今太陽能和風能都比火力發電還要便宜，電動車已踏上了改造運輸業與能源經濟業的道路。我們需要更多且更快的事物，在這種時候，是否有能力用具有抱負的故事來描述一個更好的世界將變得至關重要，這樣的故事能栩栩如生地展現出科技新突破的好處與實例，我們的未來全都仰賴於此。

或許氣候變遷故事的挑戰在於皮質醇帶來的戰鬥、逃跑或停住——其中可能包含了很大一部分的戰鬥或停住。這個故事太過宏大，許多人覺得就算他想改變現況也無能為力。

所以，我們能做些什麼事？用最直白的方法來說，你可以選擇一個你愛的地方，照顧那裡。我們與那個地方的連結感越深厚，你就會在耕耘那個地方的時候越感動、越投入，我們每個人都需要在這個地球上找到一個我們想要愛與照顧的地方。

如果數據是國王的話，脈絡與情感就是王后，王后先行永遠都是個聰明策略，脈絡與情感是打造意義與關係的基石，相關性是一種以情感為基礎的評估方式。如果我覺得你屬於我的群落，我就會敞開心胸接納你說的話。如果我不這麼覺得，我就會否決或輕視你的數據，這就是為什麼人們每天都在拒絕事實與有邏輯的論點。

數據不是不好，只是當你正試圖說服一位心懷抗拒的受眾接受一個激進構想時，數據並不總是一個好的開場規劃，它不是你的受眾渴望的感覺良好三明治。所以，為什麼過去我們沒有學過讓情感先行呢？因為情感是不可預測的，它們是柔軟而黏膩的。

它們是人性的。

掌控情感能讓你更強壯。

掌控情感能讓你的案例更強壯。

掌控情感能讓你的故事變得無法否決。

「數據使人麻木，術語使人不快，沒人會因為圓餅圖到華盛頓上街抗議。」

——安迪・古德曼

應用感覺良好原則

讓我們回到本章的主題：感覺良好原則。

如果我們從神經生物學的角度切入，再加上我先前描述過的演化脈絡，我們將會找到如何創造更美好未來的線索。

在銷售創新時，我們需要創造一個接納區。

我們傾向於注意那些讓我們感覺良好的故事，我們會忽視那些讓我們感覺不好、錯誤或愚蠢的故事。回想一下，這個道理曾出現在你人生中的哪些地方。你在看到廣告或者自救書籍提醒你有多糟糕、多混亂甚至刻意讓你覺得自己像一坨屎時，你有多常感受到共鳴？罪惡、羞恥、說教、自以為是和憐憫不會構成具有說服力的故事。

遇到這種訊息時，最人性化的反應就是豎起防衛、心生抗拒或冷漠以對。戰鬥、逃跑或停住。

所以，當你開始進行有關於改變與破壞的簡報時，你要使用的方法應該要使人們感受到深度連結（催產素），用一種讓他們感覺良好的方式，協助他們認同你陳述的脈絡，為他們的未來帶來希望。否則，他們會在你還沒說到幸福快樂的結局時就從你的故事中迅速脫離（太多皮質醇啦）。

所以，你要怎麼用能使人感覺良好的方式建構你的故事呢？

我將本書的第二部全都用於解答這個疑問，你可以把這些清楚的結構與方法用在所有高風險的簡報上，你的感覺良好三明治。

以下是簡短的預覽。

首先，找出典範轉移（paradigm shift）。我們生活與工作的時代非常特別。這個時代渴望我們冒險，去改變我們為創新的脈絡建構與述說故事的方法，協助人們看見已經存在的未來，以及改變會帶來的刺激新可能。

其次，從說故事的「創造共享真實」功能中獲得安慰，當鏡像神經元開始運作時，它們將會哄騙我們進入共同的感官體驗，正是這種共享相同意義的時刻會加深我們之間的連結。透過這種方法，我們可以在短短的六十秒內從陌生人變成至交知己。我們將在此發現拉比勞倫斯·庫什納（Lawrence Kushner

）所謂的「隱形的連結之線」。整體來說，其實我們之間的相似性遠大於相異性。

我將會在下一章條列出打造**無法否決的故事**的第一個步驟：看見它，我們全都渴望能使其他人看見我們所看見的景象，不是嗎？我們渴望能在一段共享的生命體驗中覺得自己被看見、聽見、認可、接受與包容。

在這一章中，你可以學到……

- **感覺良好這件事**
- **為什麼我們全都天生就會敘事**
- **如何避免數據陷阱**
- **說故事的神經生物學**
- **大敘事如何戰勝大數據應用感覺良好原則**

Part 2

打造無法否決的故事

未來已經存在，只不過尚未廣泛分佈。

—威廉・吉布森—
知名小說家

Chapter 4

第一步：看見它——改變的脈絡

數位時代的歸屬結構（structure of belonging）是什麼？這就是世上數一數二大的網路平台要求我們說的故事，我們如何在線上組建微型群落與社群。請想像一下，你擁有一個產品，目前有一億名進階使用者，但多數人（更不用說公司裡的每個人了）都不認識這個產品——他們不知道這個產品是什麼、如何運作或者能替他們達成什麼目標，這就是一間不算太小的社群媒體企業的產品負責人所面臨的挑戰，在此以我們創造的商品描述作為範例：

隨著科技發展，越來越多人開始轉向數位產品，尋求滿足基本歸屬需求的解方，人類從古至今都在追尋自己歸屬於什麼地方、歸屬於什麼人。我們的家庭、我們的部落、我們的社群。我們將彼此的相同之處互相連結，找到自己的歸屬。目標（在經歷災難後一起重建我們的小鎮）、生活體驗（我最近剛為人父母）、疾病（罹患癌症的人們），這份清單永無止境。過去，人們尋求歸屬的目標僅限於你認識的人或者你居住的地方，（我們的產品）能讓你找到你想要歸屬的任何地點，找到你想要歸屬的任何人，（我們的產品）擁有無窮潛力。透過（我們的產品），你可以擺脫限制，連接到世界各處，過去只會在我們的鄰里、教堂、酒吧與地方商家發生的事情，逐漸出現在網路上。從（我們的產品）目前的成長就能看出如今真正的社會學趨勢。社會大眾渴望能在線上找到與自己相似的人，並與他們產生連結，例如相同的政治傾向、職業、健康狀態、社群、興趣或者人生轉捩點，我們想要表述公眾自我，也想表述私密自我，我們希望能歸屬於更大的群落，我們的團隊在過去這段時間一直在思考當前正不斷改變的「歸屬本質」，因而拓展了未來的產品願景／路線圖，我們希望能與你們分享這些看法。

許多公司就像上述這個與我們合作過的組織一樣，他們知道，雖然自己的公司產出的是實體／數位產品，但到了最後，人們最渴望的還是社群感與連結感，歸屬結構就是商業的未來。

結構歸屬與我切身相關，在過去的人生中，我有很長一段時間都覺得自己像是旁觀者，不屬於任何地方，這樣的經驗改變了我對世界的觀點，也影響了我對於周遭故事的理解方式，你或許能在看見數十張色卡時自然而然地看懂它們背後的涵義，其他人卻對此一無所知，一名會計師或許能在看見一份財務表時立刻看懂背後的故事。儘管如此，若你找來三名會計坐在同一個房間裡，三人看見的卻有可能會是不同版本的故事，或者各自發展出不同解讀，有些困境把其他人困住了許多年，但你或許能在遇到這個困境時看見新穎的解決方法，創新的基礎原則正是「看見其他人看不見的事物」。

眼界、洞察力、真相。

與此同時，請你時時刻刻記得這件事：開始改變時，讓你感到如魚得水的情況，卻可能讓別人感到孤獨。換句話說，你看到的是良機，其他人看到的是危機。

正如我們在本書第一部提到過的，「破壞」對多數人來說是令人擔憂的前景。當你對某人的世界觀提出了挑戰，對方很有可能會認為你是在說他們錯了，這樣的看法會使他們心生防衛，帶起敵對的氛圍，因此對方會表現出猶豫，甚至直接反對或徹底蔑視這一類的典型反應也就不足為奇了。

與其挑戰受眾的世界觀，不如給予一些能讓他們感到有所連結的事物，能讓他們信任的事物。**展現出**他們希望能前往的目的地，接著協助他們看見你所看見的景象，如果你展現給他們看的目的地足夠鼓舞人心、足夠吸引人、足夠令人著迷，那麼他們將自動自發地——或許甚至滿腔熱忱地跟隨你往那裡前進。

接下來我們將會看到，故事既是一種定位裝置，也是一種運輸載具，**這個故事會帶我們前往何方？我們想要去嗎？我們要怎麼過去？**幫助你的受眾在敘述中找到自己的位置，接著把應許之地展現在他們眼前。

使他人看見你所看見的景象

於你而言，未來顯得清楚明瞭。

你眼中的未來是無法否決、無法抗拒也無法避免的，未來的景象使你太過激動，幾乎無法自持。

你希望**每一個人**都能看見你眼中的景象。

你希望**每一個人**在看到這個景象時都和你一樣激動。

你希望**每一個人**都能看見它、感受它並相信它，就像你一樣。

問題只有一個，只有**你**才是你，**其他人不會**是你。

每個人都具有不同的神經生物學構造、不同的生命歷程以及對周遭世界的不同感知方式，我看待自己以及周遭世界的方式，可能會不同於他人看待我以及周遭世界的方式。

想使他人看見你所看見的景象，你要做的第一步就是理解這件事：沒有人能用和你一模一樣的方式理解未來。第二步是了解到，雖然你無法控制他人理解未來的方式，但你可以影響他人看見什麼與感受到什麼——接著進一步影響他們選擇相信什麼，在你說出**無法否決的故事**時，你能重新定義故事架構，將絕無可能轉變為必然發生。

「如果你想要打造一艘船，不要召集人們蒐集木頭，也不要指派任務與工作給他們，你應該教導他們去渴望大海的廣袤無垠。」

——安東尼・聖修伯里

與其強迫觀眾接受你的觀點，不如迎接他們進入一個刺激的新世界，許多人一開始會覺得自己像個觀光客，所以你必定要扮演導遊的角色。他們是來到異國的旅客，不理解這裡的語言，或許他們連路標也讀不懂，你的任務就是讓他們感到賓至如歸，描述這裡的景觀、指出美好的風景。告訴他們一些獨家內幕和只有當地人知道的知識。

要知道，最好的導遊向來都是傑出的說故事好手。

你的任務是協助你的受眾用嶄新的觀點看待世界，找出那些將未來景象與我們的過去綁在一起的一條條隱形連結之線，接著，一旦他們看見了那些隱形的連結之線，他們就會走進未來的景象中，將你帶給他們的景象當作自己的故事。

然而請謹記，雖然你無時無刻都把這個世界視同命脈，但受眾可能會覺得這個世界只是生活的註腳，如果你簡報的對象是你的老闆、高階主管或潛在投資人，那麼你只會是這一個小時、這一天或者這一週內佔據他們心神的數十個、甚至上百個計畫、機會或問題中的其中一個。他們現在居住的世界和你不同，未來也永遠不會相同。所以，不要把任何事物視為理所當然，在你宣告勝利並開始進行下一個任務之前，請確保你真的已經透過你如此努力希望能達到的願景，和你的受眾建立了連結。

幫助他們全新接納你的願景，把你的願景當作他們的願景。

找到你的鉤子，從一開始就勾住他人的注意力

你的開場架構非常關鍵。

你可能有五分鐘的時間能讓房間裡的九成思緒與你站到同一陣線。

雖然你的確可以在一開始就端出我們先前討論過的激烈挑釁言論，但這麼做很有可能會使人們心生防禦，留下大量碎玻璃。

人們越來越頻繁地獲得過量資訊並經歷注意力缺失，如果你以數據作開頭，他們很可能會質疑你的數字，或者難以產生同理心、認同感或連結。

你只有短短數分鐘的寶貴時間能勾住受眾的注意力並確立你們之間的關聯。你要如何說服他們關注你的訊息？

你可以提醒他們有哪些事情是可能的。

從「同意！」開始，抓住他們的想像力，使他們全神貫注、心情振奮並受到吸引。

正如維克多．雨果所說：「沒有任何事物能像夢想一樣創造出未來。」你要成為來自未來的信差，帶來好消息，和他們分享你對於所見所聞的激動之情，讓受眾看見改變會如何成為機會。

你要呈現的，是已成為多數人公認的真相，並且具有說服力的改變脈絡，你希望人們說出：**哇，我知道這件事情正在發生。但我不知道事情已經演變到這種狀況了。我一直在等待這個時刻的到來。**請記得，我們的目標是九成，由於你的時間有限，所以你的脈絡必須簡單明瞭，目的地應該要是遠處一個看得見的地方，而非一團朦朧不清的影子。

你的任務就是向人們展現如今有哪些事物是可能的，利用世界上正在進行的改變——那些五或十年前還不存在的現象，例如共乘軟體或區塊鏈，來合理論述你提出的概念的前提假設，並證明其為真。或許過去有某個大型科技突破改變了一切事物，例如自駕車的發展。或者經濟成本下降使你如今可以執行五年前需要花費一百倍甚至一千倍支出的企劃，或者文化價值改變的方式導致人們已經作好準備接納數年前還是非主流的事物。二十年前，只有嬉皮想買有機產品，如今連德州的祖母們也吃起豆腐了。同性婚姻在上一個世代還是禁忌話題，完全被排除在主流政治論述之外，直到運動人士把故事的主軸從人權轉移到愛，愛是個你很難阻撓的故事。

傑出的故事能把你的受眾從他們如今所處的位置傳送到他們希望在未來抵達的地方。你的故事應該要非常令人著迷、鼓舞人心又引人入勝，以至於你無須催促他人加入你的行列，他們會自然而然地受到你的未來願景所吸引，想要做到這一點，你必須把重點放在宏觀故事上，來看見整體局勢。

故事就像車子裡的衛星定位導航系統——既是定位裝置，也是運輸載具。故事身為定位裝置的工作，是協助人們找到自己的位置，他們屬於什麼地方？他們會把這個故事當作自己的故事嗎？故事身為運輸載具的工作，是帶我們到不同的地方。問題在於，這個載具要去哪裡，還有我們是否想去那裡？目的地能帶來何種承諾？你擁有的故事值得一說嗎？又或者你的故事只是上頭沒料的披薩？

只要你執行的方式夠有效率，你就能引領受眾從絕無可能前往必然發生，從現況的可預測性前往新興未來的回報。

指明改變

改變是唯一的不變，從定義上來看，故事必然與改變有關。「傳達新觀念」如此艱難的原因也有可能會成為你的救贖恩典。改變促成了故事，沒有改變就沒有故事，我們之所以會把注意力放在某個故事上，就是因為它不斷改變。我們想要知道接下來它會如何發展，故事能提起我們的興趣，使我們投注其中，在氣氛緊張與敘事的進行途中讓我們保持專注，我們在觀看一個好的故事時，會對角色與情勢投入情緒。我們想要知道：故事什麼時候結束？如果有一場扣人心弦的情節，我們會想知道接下來發生會什麼事？

謝天謝地，你有很多改變可以拿出來談，只要是與你目前的工作與企劃最相關的改變都可以，你可以考慮以下範例：

- 我們改變了診斷疾病與治療癌症的方法。
- 我們改變了購買食物的方式與吃下肚的東西。
- 我們改變了建造社群與找到相似他人的方法。
- 我們改變了工作、溝通與完成各種事物的方法。
- 我們改變了約會與尋找人生伴侶的方法。
- 我們改變了管理財務與規劃未來的方法。
- 我們改變了研發軟體、介面與互動的方法。
- 顧客改變了說故事以及和品牌互動的方法。

● 我們改變了購物與選擇真正想要事物的方法。

有哪些改變影響了**你的**企業？

你很幸運，如今這個時代你無須花太多精力就能找到改變，改變是新的常態。在面對持續、大規模且勢不可擋的改變時，破壞是可預期的發展，這代表在各種混亂與預期之間，改變重新定義了人們過去行事方式的一種或多種觀點，它創造了新典範——看待世界的新方法。

你的任務是改變敘述，但訣竅是你必須成為改變的福音傳播者，這個改變會帶來什麼好消息？有哪些事物能使人們受到改變的吸引？為什麼他們應該欣然接受改變？換句話說，他們能獲得什麼好處？我們常遇到的問題，就是把改變描述成若隱若現的威脅（皮質醇），而非把改變描述成與我們的共同點相關的突破機會（催產素）。請記得，你不是來這裡發表博士論文的，無論你的提案內容為何，用積極正面的方法陳述我們如今擁有哪些過去沒有的機會，並解釋這會帶來何種幫助，將為你的提案帶來優勢。

你架構提案的方法會大幅影響人們對提案的反應，也會影響你能否成功。利用語言與修辭強化你的訊息。

力量的聚合

改變的河流總是奔流不息。

若你在矽谷工作，你可能比較理解我們面前的指數型未來，如今我們正在經歷許多科技上的根本性突破，例如人工智慧、擴增實境、大數據、物聯網、區塊鏈等，多不勝數。提姆．柏納李發明第一版的全球資訊網不過是三十年前的事。如今全球資訊網無所不在，它遍及了我們的生活、我們的公司，將我們連結在一起。

二十一世紀的公司面對的是緊縮的科技循環，此循環創造出源源不絕的創新需求。與此同時，文化改變正在重新定義社會行為——數位身分、隱私權和情緒自我照顧習慣等等。同樣的，在各種傳統產業中的大型老牌公司，可能會難以預測有多少科技會改變他們如今使用的企業模式。以法律專業為例，境外人才與人工智慧正逐漸使他們的經濟模式往谷底跌落，有些改變顯而易見，有些改變則是我們容易忽略的。

具有影響力的故事敘述者會將各方力量——科技、經濟與文化匯聚起來，替受眾將這種力量的匯聚放進脈絡中。

- 科技力量：硬體、軟體、介面、外觀、頻寬等。
- 經濟力量：更低的成本、更高的有效度、供需改變等。
- 文化力量：新社會價值、新興潮流、重新定義常規等。

你可以在歐倫・克拉夫的著作《為什麼Google、LinkedIn、波音、高通、迪士尼都找他合作？：募資提案教父一週談成六千萬的快・精・準攻心術》中進一步探索這些力量。

投資人很喜歡在簡報時聽到簡報者證明各種力量正在聚合，我最近剛開始和一位以創投資金設立新創公司的執行長合作，他正在募集第五輪投資，在針對私募股權投資人的部分簡報中，他們提到了力量的匯聚證明了P2P市場將會是商業界的未來，投資人非常喜愛他們如此預設世界走向，而且這和他們的投資主題相符，投資人作出了預料之中的結論：若想要實現此一必然發生的未來，這間新創公司自然是最適合的人選，這就是你在描述未來走向時能駕馭的力量。

「人類全都會改變。改變的不是他們的本質，而是他們的身分，我們有能力改變我們要用生命做什麼事，並將之轉變成我們的命運。」

——知名作家與人權鬥士／埃利・維瑟爾

在一個心理測試公司的案例中，公司內部的執行團隊不斷重複研究未來的潛在破壞與他們數位轉型的速度。這正是羅伯特・特塞克（Robert Tercek）在他的著作《蒸氣化》（Vaporized）中描述的「不可阻擋的力量」，數位產品正在吞食全世界。數位轉型勢不可擋，所有列印或類比的物品終將會蒸氣化，

「Venmo 曲線」就此成為該公司領導團隊中的口號。

如果你的年紀大約是二十或三十歲，你很有可能會一天到晚用 Venmo 在朋友之間轉帳，如果你的年紀大約落在四十多或五十多歲，你可能只會偶爾使用它。如果你是六十多歲或七十多歲，你可能會想著，**Venmo 是什麼東西啊？**Venmo 是一種智慧型手機的新型軟體，能用來做 P2P 金融交易，無須手續費，Venmo 的普及化程度直接反映出了客群特徵，這個軟體就像是一種隱喻，能讓我們看出數位轉型是如何成為老派的受保護企業必須採取的程序。

如果你的多數客戶與使用者都是嬰兒潮世代，那麼你還有一些時間能從類比轉為數位，千禧世代成為職場上的主要族群，他們預期自己應該在各處都能獲得 Venmo、亞馬遜與網飛提供的相同簡易操作體驗與即時娛樂性，無論你在哪個企業裡，問題都不在於你**需不需要**轉型，而是**何時**該轉型，這是必然發生的未來。所以現在的問題在於，我們的領導團隊要如何為那樣的世界作好準備與建設？好消息是什麼？他們還有五至十年的時間能趕上這個必然發生的未來。

在一個供應鏈顧問公司的案例中，他們面對的破壞性力量包括了亞馬遜效應、運輸成本與全通路販售匯流，這代表的是他們合作的每一間民生消費用品公司與產業製造商都面臨同樣的趨勢：

1. 亞馬遜效應代表的是顧客如今預期無論購買任何物品都能在兩天內免費送到，無論是一小本書還是兩千磅重的一台機器。
2. 運輸成本是公司成長的最大阻力之一，如今油價上漲，像加州等地的卡車司機又供不應求，因此貨運價格也跟著提高。
3. 全通路販售匯流需要的是供應鏈解決方案，此方案要讓公司在直面消費者與直面商店這兩方面都具有庫存需求的能見度。

供應鏈公司的銷售團隊在向潛在客戶描述這種力量的聚合時，客戶會立刻心生共鳴，建立起一致的看法。

在巧克力塊的案例中你也會獲得非常令人激動的頂級聚合，巧克力就像啤酒、紅酒、咖啡和起司一樣，用同樣的方式打進了一種特別食物類型中：顧客願意為了品質與產地額外付費，不過巧克力跟其他案例的不同之處在於，**每個人**都愛巧克力，無論老幼，無論貧富。巧克力塊是眾人都能負擔的奢華享受，又是健康的放縱飲食，還能提供討人喜歡的感官體驗報償與能量，巧克力的力量聚合包括了：

1 經科學證實，巧克力是超級食物，又對情緒有好處。
2「高級」巧克力的相對可接受中心價是每片十至二十美元。
3 巧克力片製造商大幅增加（全世界有六百間以上），消費者可以吃到風味絕佳的原生種可可豆。

巧克力因這些聚合的存在，而變成了討人喜歡且不斷增長的食物類別，非常適合如今這個人人關注健康的時代。

為了生存並活得更好，你必須在看到茶渣時閱讀得比別人更好或更快，你也必須描述，你是如何用他人無法做到或者不會做到的方式，作好了獨一無二的準備，能夠在改變來臨時取得優勢，每一個價值十億美元的獨角獸新創公司背後，都有一種能夠在特定產業重新定義局勢的力量聚合，這種力量聚合創造了如今已能被利用的新機會，這改變了一切事物。如今有許多可能的機會，是短短五或十年前根本不可能出現的，更不用說未來的五到十年後了。我們今日面對的許多限制將會在明日消失。仔細檢視你正在工作的環境，這裡的力量聚合是什麼？這些改變將如何成為機會？它們能如何創造更多新機會？

將改變當作一個「燃燒平台」來重新思考

在變革管理領域中有一個十分著名的詞語。根據專家意見，在改變的一開始我們需要一個燃燒平台來推動眾人。否則，眾人不會改變，公司不會改變，最後只會帶來又一次的變革失敗。

練習：描述力量的聚合

好啦，現在輪到你了。花一點時間評估你的工作領域中的力量聚合——科技、金融與文化——為你的受眾將這些力量放進脈絡中。為這三個力量各自列出至少三種不同的項目，利用這個清單說出你的**無法否決的故事**。

科技力量（例如硬體和軟體）

1：

2：

3：

經濟力量（例如更低的成本和更高的有效度）

1：

2：

3：

文化力量（例如新社會價值和新興潮流）

1：

2：

3：

燃燒平台此一概念出現在前任諾基亞執行長史蒂芬・艾洛普在二〇一一年寄給員工們的備忘錄，當時蘋果的 iPhone 和谷歌的安卓手機正逐漸吞食諾基亞的市場。諾基亞曾是全球最成功的手機公司，但已逐漸迷失方向，艾洛普是這麼描述燃燒平台的故事的：

從前有一個故事，發生在一位在北海鑽油平台工作的人身上。他在一天晚上被一陣巨大的爆炸聲驚醒，發現整個鑽油平台都起火了，他在轉瞬間就被火焰團團包圍。他穿越煙霧與熱氣，勉強在一片混亂中抵達了平台邊緣，他從邊緣往下看，只能看見漆黑、寒冷且充滿不祥的大西洋海水。

火焰越來越近，他只剩下短短幾秒的時間能反應，他可以選擇站在平台上，最後被他無法躲避的熊熊烈焰吞沒，或者他可以往下跳三十公尺的高度墜入冰寒的水裡，他站在一個「燃燒平台」上，必須作出選擇。

他選擇往下跳，這件事十分出乎預料，在正常情況下，他絕不會考慮要一頭跳進冰冷的水中，但這可不是正常情況——他的平台著火了。男人往下跳進水裡，存活了下來，他在獲救後注意到「燃燒平台」從根本上改變了他的行為。我們如今也同站在一個「燃燒平台」上，我們必須決定我們要如何改變我們的行為。[7]

我很好奇：當你讀到這樣的故事時有何感想？這個故事能激勵你嗎？又或者你因此感到灰心喪志？

燃燒平台傳遞的隱喻或許不算非常精確，如果你留下來，你會死。如果你跳下去，你還是有可能會死。嘿，或許我們會像著名的二戰老兵路易斯・讚佩里尼，在海上漂流了四十六天之後奇蹟似地存活下來，接著要面對的卻是日本戰俘營中的反覆折磨。他的傳奇故事令人難以置信，而後被寫成了全球熱銷的書籍《永不屈服》，又翻拍了同名電影。這個故事非常完美。但這會是你想要

7 克里斯・齊格勒（Chris Ziegler），"Nokia CEO Stephen Elop rallies troops in brutally honest 'burning platform' memo? (update: it's real!)"，二〇一一年二月八日，engadget.com/2011/02/08/nokia-ceo-stephen-elop-rallies-troops-in-brutally-honest-burnin。

賣給眾人的那種未來嗎？而我們甚至還在疑惑為什麼七成以上的管理制度變革都會失敗呢，你要做的事是給予他人的動機，希望你能理解，避免使用皮質醇（戰鬥、逃跑或僵住）能帶給你多大的力量。我們必須給眾人更多信心去相信未來，而非只給他們一雙翅膀或一段禱告詞就要他們相信冒著巨大的風險能獲得回報。

無論你是在哪個時間點介紹新故事的，你都會把舊故事帶到焦點中心並強調兩者間的差別，最傑出的新故事不會拒絕舊故事，只會指出自然的演化過程。比較新舊故事是一種指出兩者差異的強大方式，能協助人們理解典範轉移。

請記得，局外人——顧問和諮詢人員等的可信度會高於局內人，哈佛商學院的教授克雷頓．克里斯汀生曾說過一個故事，描述一家連鎖速食業者想要賣出更多奶昔，他們著魔似的追求奶昔的品質。是不是應該有更多口味？是不是應該更濃？是不是應該放更多糖漿？更少糖漿？這個方向沒有為他們帶來任何有用的見解。

因此，連鎖速食店雇用了兩個顧問來觀察問題出在哪裡，他們閱讀了所有數據，發現了一件令他們十分驚訝的事。有很大一部分的奶昔是在早上的點餐車道賣出的，它們被當成早餐。對這些顧客而言，奶昔有一個**需要達成的工作**（a job to be done）。奶昔在早上通勤時間讓他們吃飽，撐到午餐。貝果會製造太多麵包屑，香蕉則會留下臭烘烘的果皮。而奶昔則不一樣，方便他們在開車時飲用，而且飽足感高，能讓他們撐好一段時間，既能讓你吃飽，又不會讓你沒胃口吃午餐。所以，是哪種**需要達成的工作**使得早上九點之前出現高得不成比例的奶昔銷售呢？奶昔在顧客早上通勤到公司的途中只會佔據他們的右手。

連鎖速食店的老故事被新故事取代，奶昔不再只是點心，奶昔是完美的早餐。你的老故事在被新故事取代之後，會如何變化呢？你最後會因此獲得什麼見解？

練習：舊故事／新故事

請藉由過去與現在的對比來架構出改變，你可以在此練習中嘗試這個方法。拿出一張紙，畫兩個左右相接的表格，中間以一垂直線作分隔。把左邊的表格標記為「舊故事」，右邊的表格標記為「新故事」，在左邊的表格中，用一系列關鍵字、片語、價值和思維描述舊故事，接著在右邊的表格做同樣的事，請試著配合舊故事，用相當的文字描述新故事。

以下範例來自一間徹底破壞了旅館業的公司：Airbnb。我們可以研究一下Airbnb創造新故事的方式，雖然Airbnb實際上並不擁有任何房地產，但產品的吸引力太過強烈，使他們的估值達到三百八十億美元，總市值超越了萬豪飯店或希爾頓飯店，這就是執行**無法否決的故事**能帶來的成果。

老故事

單調的飯店氛圍、標準化的文化、單次交易、壟斷定價、受到限制

新故事

溫馨的感受、城市的靈魂、建立連結、民主定價、任何地方

你的老故事是什麼？新故事又是什麼？按照上方的範例定義你的關鍵元

素。在打造你自己的無法否決的故事時，將這些元素當作原料。

說故事的技巧與訣竅

要在進行高風險簡報時成功，你必須向受眾展現出改變的脈絡。幫助他們敞開心胸接納你描述的未來是必然發生的，以及正面迎接改變能帶來的機會。只要你做得夠好，你願景就會變得無法否決。你可以在練習這個說故事策略時參考以下四個提醒。

- **選擇正確的戰場**：明智地使用你的能量，以充滿爭議、容易引發爭論或引起懷疑的事物當開場通常不是個好主意。你可以呈現的，是已經成為多數人公認真相並且具有說服力的改變脈絡，把重點放在所有人想要什麼，什麼事情會創造出想自然而然地答應的動力？在下一章中，我會告訴你可以用什麼方法人性化你的概念。
- **把重點放在對的事情上，而非錯的事情上**：為什麼要使人們陷入戰鬥、逃跑或停住（皮質醇）狀態中？你想要的改變脈絡應該充滿遠大抱負，同時描述令人期待的機會。否則，你的受眾有可能會用個人觀點看待你的訊息，解讀成你在暗指他們是錯誤的、不好的或愚蠢的，把觀眾放在防守的位置絕對不會是有說服力的致勝前提。

● **避免七層墨西哥捲餅**：你可能覺得這東西聽起來很好吃，但等到你吞掉第三口、肚子開始咕嚕作響時，你就會改變主意了，不要讓你的開場因為太過複雜，導致受眾難以消化，把重點放在簡單的前提上，這個世界改變的方法中，哪種方法最戲劇化又最吸引人？解釋這一點時，請讓你正在做的事變得比以前都還要更好懂，理想上來說，你提出的最好是單一構想，最多佐以二或三個支持論點。

● **不要走得比故事前面**：請記得，你把自己做的工作視為非常重要的一件事，這也代表了你可能在受眾都還處在故事的第二或三章時，你已經進入第九章了，這就是為何你會想要好好架構脈絡，邀請受眾跟著你一起踏上旅程，對你來說顯而易見的明確事件，就是其他人最想要或者最需要知道的事。花一點時間放慢腳步，人們很有可能需要由你來提醒他們更宏觀的景象，就算那樣的景象對你來說顯然不證自明，你也需要這麼做。

在本章中，我們探討了讓他人看見你所看見的景象有多重要，這麼做才能讓他們全心接納你的故事，並將之視為他們自己的故事，我們描述了要如何為你的故事找到正確的鉤子，一個能夠立刻勾住受眾注意力的鉤子，我們也看到了改變如何創造故事，以及你的任務就是敘述改變，我們檢視了三種力量的聚合，以及如何為你的受眾把這些力量放進脈絡中，還有為什麼你應該重新思考是否開始把改變當作一個燃燒平台。

再次提醒你，要記得你不是在發表博士論文，你之後還會有很多機會可以在無法否決的故事中回過頭來，解釋你一開始的假設並進一步強調聚合的潮流。

如今我們已經建立改變的脈絡了，接下來讓我們開始研究要如何在故事中加入情感。

「每個人都是自己故事中的英雄，你要盡可能地避免成為他人故事中的反派惡人。」

——威爾．惠頓

在這一章中，你可以學到……

- 使他人看見你所看見的景象
- 找到你的鉤子
- 指明改變
- 力量的聚合
- 協助你的受眾看見改變的脈絡

當你的顧客對你所販賣的未來感到恐慌時，你是很難成功把這種未來賣給他的，然而矽谷的顧客服務類型新創公司面對的就是這種情況。

如果我告訴你，你的顧客服務體驗能讓你從那些最接近你的產品的人，也就是你的進階使用者身上獲得聰明的想法，你覺得會發生什麼事？顧客服務是一座橋樑，連接你公司網站上總是過時的常見問答，以及遠在地球另一端閱讀指南又不是真正瞭解產品的電話客服代表。

這間公司剛在第一輪投資募集到一千萬美元，現在他們需要從「投資人故事」轉而投入「顧客故事」，雖然創業投資人都非常著迷於他們的十年願景（人工智慧、大數據和工作的未來），但他們的B2B企業顧客都比較在意短期內會遇到的挑戰。請思考一下：如果你是一間大公司的顧客支援部門副總裁，你的日常生活將會是**由一大堆爛事建構而成的**。公司希望你在管理較高的客服需求時，可以用較低的成本維持顧客不至於感到不開心。這個時候，「聊天機器人殺手鐧」和人工智慧突然出現了，它們承諾能轉變你的工作型態，對多數企業領導人來說，這麼做的風險有點太高了，他們知道他們需要接納人工智慧，然而他們卻害怕有可能也將會出錯的任何事物。

對於這個新創企業的成長來說，敘述這個複雜故事變得極為重要，他們能藉此詳細瞭解客戶面對的挑戰，以此為根基獲得全新的銷售對話技巧。他們的突破訊息是什麼？「如何在自動化的時代提高同理心。」這種方法能有效人性化他們的工作，並建立一種聚焦於顧客體驗的新型客服——自動化顧客體驗。透過以社群為動力的人工智慧引擎，進階使用者將能實際訓練並教導演算法，讓演算法創造出低摩擦力與高影響力的有意義互動。

這就是在你的宏觀故事中很重要的一部分，你必須平衡焦點的拉近與推遠。若說服受眾的第一步是說出宏觀故事，那麼第二步就是說出微觀故事。如今你為受眾架構好了脈絡，而他們已準備好要接受更多資訊了。現在你要做的是把他們帶入**情緒**內容中，若你能成功做到這一點，你將會創造出真正的信服者，他們會全心相信你的**無法否決的故事**。

問題只有一個：情緒是商業界裡（以及人生中）最難處理的一件事。我們傾向於避開情緒、壓迫情緒——或者自我耽溺於情緒中，這非常極端。我們必須學會如何與情緒合作，而非活在極端的情緒中，情緒是一種訊號，能帶領你找到真正故事的所在位置。在你傳遞的訊息中，情緒並非本質，情緒的作用是使訊息變得更鮮明、更有意義，將生命灌注在訊息中。

說故事專家麗莎．克隆總結道：

> 感覺是一種反應，感覺讓我們知道哪些事情對我們來說是重要的，而我們的思想只能別無選擇地遵從感覺，有些事實無法影響我們，是因為我們不會受到直接影響，或因為我們無法想像這些事實會如何影響他人。這些事實對我們而言並不重要，這解釋了為什麼就算一個無關個人的通則，適用的範圍遠比個人化故事還要廣泛數千倍，但個人化故事對我們造成的影響，依然比通則還要

大無限倍。[8]

你要如何把情緒放進故事中？每個故事的重點都在於其中的角色，所有戲劇化張力都來自這些角色面對的渴望與難題。在本章中，你將會學到如何選擇並描述故事中的角色，你會遇到一系列難以達到或解決的需求，這代表我們必須進一步深入探究，把故事個人化，我們將描繪出精細的人物肖像，以便我們清楚詳細地看見故事成形的過程。

如果你是特殊需求孩童的家長，你的生活可能不太容易。你或許掙扎著想要理解如何才能用最好的方式達到孩子的需求。一開始，你覺得事情不太對勁，因此尋求幫助。接著，若你的孩子確診了，你將會需要在複雜且破碎化的支持官僚體制中找到資源來協助孩子，在你剛開始與學校機關、診所心理醫師和其他能提供協助的專家互動時，你會陷入自我衝突。一方面，你想要知道孩子怎麼了，另一方面，你又害怕孩子被確認或者被貼上限制的標籤。

這就是醫療者在評估孩童時面對的挑戰，他們有一百二十分鐘的時間在三十天內決定孩子的狀況是什麼，他們的報告可能會影響至少孩子接下來十年的生命，甚至一輩子——無論好壞，孩子都必須概括承受，這些醫療者不只得面對來自父母的壓力，還必須在執行工作時面對複雜的規範和行政需求，這就是此故事核心的情感樣貌，多數心理測試公司都認為他們創造的只不過是測試而已。但實際上，他們發展出來並交給他人的解決方法是違反這種情緒背景的，這就是此類企業的未來以及創新的市場藍海，你可以藉由描繪更精細的日常生活人物肖像，解決尚未得到滿足的情緒需求。

情緒是每一個故事的燃料，能推動人們前進，你需要使你的受眾投入情緒並在乎結果。也就是說，我們需要把全副注意力都放在你的故事核心的角色上，他們是誰、他們的動機為何還有他們遇到了什麼障礙。

你故事中的角色是誰？

他們的渴望與困境是什麼？

8 麗莎・克隆，《大腦抗拒不了的情節：創意寫作者應該熟知、並能善用的經典故事設計思維》。

他們會為了達成目標而做什麼事或放棄什麼事？

我們每個人在做每件事時都會帶入情緒，無論是在工作或個人生活中都是如此，這些感覺的功用就像過濾器——像是我們感知周遭世界時的守門人。它們會大幅影響我們在聽到他人說的話時是否會接受，更不用說是否會全心同意了。

同理心是雙向的，而非一種由上到下或單向的體驗，你可以藉由先去同理你的受眾來創造雙向流動。若你希望受眾能在乎結果，你就必須讓他們把你的故事當作他們自己的故事，並將他們自己帶入故事中。基本上，他們必須同理故事中的角色，對敘事投入情感，才有可能把這個故事當作自己的故事。

將你的顧客打造成英雄

當你心生質疑時，請將你的顧客打造成故事中的英雄。

對許多公司而言，確認顧客與使用者的身分是件難事，若還要考慮到你必須設法影響各種利害關係人的話，這件事將更顯困難。你要如何決定該把誰當作故事中心？你可以選擇最能引起共鳴的角色。

科技產業常把產品或品牌打造成故事中的英雄，而非把人打造成英雄。當你把產品當作英雄呈現給受眾時，你將會聚焦在產品不可思議又引人注目的特質與好處，電腦就是這種習慣的常見受害者——強調電腦有更快的處理器、更好的記憶體和更大的硬碟（如今變成更好的固態硬碟）。這種習慣創造出來的會是模糊的焦點，導致故事顯得像是在自吹自擂，或者因為充滿太多科技方面的細節而使得一般顧客無法理解。

但事實上，焦點應該要放在產品的**使用者**身上，使用者想要完成什麼事？**需要達成的工作為何？**他們希望能透過這個產品來創造或獲得什麼事物？他們再三遇到的惱人障礙為何？他們在何處感到痛苦？這個新事物能如何幫助使用者獲得更好的成就，並跨越他們在路上遇到的障礙？

在尋找應該被你轉變成英雄的正確對象時，最好的候選人將會是最有可能被你大幅影響人生，你最直接的**影響範圍**。請記得，這個人將成為數千人，甚至數百萬人要觀看的角色，面對同樣渴望與困難的人，或者與他們相似、讓他們產生共鳴的人，釐清你要把誰放在故事核心後，想想那些在你影響範圍內的人。

以下是另一個例子。

一個執行團隊被指派要替他們公司在矽谷的總部打造下一世代園區，他們要負責價值數十億的投資，把焦點放在公司的未來上。一開始，他們把公司的終端消費者（顧客）打造成故事的英雄。這麼做的邏輯在於，創造了更好的園區能促進更多創新，幫助公司招募頂級人才，進而對消費者的生活帶來正面改變，使他們變得更健康。這個故事很好、很棒，但只有一個問題：這些執行者與手下兩百人的機構設計團隊，其實對於公司產品的終端消費者都沒有任何控制力或影響力。那麼他們對什麼事物**有**影響力呢？每天到公司園區來工作或察訪的兩萬名員工與合夥人的生活。一直以來，員工體驗一直都是人資部門、事務部門甚至資訊科技部門負責的工作，跟機構設計團隊毫無關聯，他們需要一個夠大的故事與公司內部的其他利害關係人共同創造，並讓他們全心投入。

「我們的研究顯示，想要影響受眾，你就必須讓他們全心投入，而使受眾全心投入的方法，是在情感層面與他們進行互動，能讓你做到這一點的，就是故事。」

——坎道爾・海文

當執行團隊把改變焦點，把公司的員工放在故事核心時，他們的影響力很快就出現了大幅提升，在這個團隊敘事的案例中，他們最能影響的對象就是員工。最後的結果如何？他們獲得了他們要求的完整二十億預算以及更多資源，儘管執行團隊將會為核心基礎建設帶來大量變化與破壞，也會導致持續的工程建設、繞行路線與種種不變，但整個公司都很支持這個執行團隊對園區抱持的未來願景。

請記得，人類的大腦只有在我們能夠心想：「這故事聽起來或看起來跟我的故事很像。」的時候，才有辦法去注意或在乎你的故事，無論故事的角色是人類、動物、機器人或任何事物，都是同樣的道理。我們需要對故事產生歸屬感，我們需要認同角色的需要與動機。

你故事中的角色是誰？你的受眾最容易連結與同理的對象是誰？如果你難以決定要把誰放在故事核心，請先從你的顧客或使用者開始，以下是幾個範例。

- 蘋果最有名的「買台麥金塔」廣告呈現了兩個對比鮮明的人物（「你好，我是一台麥金塔。而我是一台個人電腦。」）——麥金塔的使用者是個創意型男，而個人電腦的使用者則是個呆板男子。
- 零售商REI瞭解他們的受眾，在每年生意最好的黑色星期五，他們閉店休息，鼓勵消費者#選擇戶外（#OptOutside），而不要選擇這種儀式性消費。
- 歐仕派原本失去了與顧客之間的連結，直到他們重新為女人想出新的品牌調性與個人化設計，以「讓你的男人聞起來像這個男人」作為行銷標語，才重新建立了連結。

「困難存在是為了激勵人心，而非使人沮喪，人類的精神會因衝突而變得更強大。」

——知名神學家／威廉・艾勒瑞・錢寧

替你的角色建立衝突

雖然我們可能想要在自己的生活中避免衝突，但我們都喜歡面臨衝突的角色，大衛對上巨人歌利亞，桃樂絲對上西方壞女巫。伊隆・馬斯克對上特斯拉股票的賣空者，衝突燃起我們的感受與情緒，故事因衝突而具有懸念、特徵與趣味。想讓你的角色以及你的故事具有吸引力，你就必須建立某種形式的衝突。

金球獎編劇得主暨鼎鼎大名的喜劇地下室創辦人比爾・葛蘭德菲（Bill Grundfest）曾對我解釋說，好萊塢有一個基本的編劇公式：「誰想要什麼？什麼東西阻礙了他們？」

每一個電視節目都基於同樣的基礎情緒前提。換句話說，你的角色必須渴望某個人或某件事（誰想要什麼？），還必須面對某種阻礙或困境（什麼東西阻礙了他們？），你談論的類型或者使用的媒材都不是重點，這個真理能夠應用在任何地方。

舉例來說，讓我們一起探索「權力與誠信」這個歷久彌新的主題吧。這就是HBO充滿犯罪與暴力的劇情影集《黑道家族》所描述的故事。東尼·索波諾（詹姆斯·甘多費尼飾）是個黑幫老大，他正努力掌控並擴大自己的權力。影集描述了東尼為了權力進行的鬥爭，以及他為了加強並保持權力所付出的代價，使他必須面對越來越多關乎存亡的困難。

HBO的另一個喜劇影集《副人之仁》也是同樣的主題。這個影集中，瑟琳娜·梅爾（茱莉亞·路易斯·德瑞弗斯飾）是一名渴望權力的政治人物，她不斷追求能夠掌握更多權力，影集描述了她對權力的追求，以及當虛榮心與自負成為阻礙時出現的小意外。

這兩個電視影集的類型天差地遠（一個是劇情影集，另一個是喜劇影集），但他們都在描述同樣的萬用前提——權力與誠信，兩個影集分別都用自己的方法取得成功。

所以，什麼事物能使角色吸引人？你要如何使故事顯得生動？首先，你可以從核心角色開始，他是一個想要某個事物的人，但卻被某個事物阻礙，這種渴望與困難的對比推動了所有歷久不衰的傑出故事。你的故事描述了這個角色在追尋他想要的事物時進行的這一段旅程，他們願意在過程中做什麼、付出什麼、放棄什麼、犧牲什麼和改變什麼？

花一點時間回想你最喜愛的電影、書或電視中的角色。《哈利波特：神秘的魔法石》中的哈利．波特。《異形》中的艾倫．蕾普莉。《絕命毒師》中的華特．懷特。

哈利．波特是一名孤兒，住在英國阿姨家的樓梯下櫥櫃裡，他天生就是個巫師，但他還不知道這件事，他年輕、天真且笨拙。他是天選之人，但要一直到很久之後命運才會向他揭露這個事實，他是個眾人容易建立連結的角色，因為我們多數人都曾在生命中的某個時刻覺得自己是個格格不入的不合群者。

艾倫．蕾普莉是近未來一艘太空船諾斯楚莫號上的安全官，這艘船正從席達斯行星返回地球，一隻異形闖入了太空船內，把所有人都殺死了，只剩下蕾普莉活了下來，艾倫個性強悍、堅毅且獨立，無論從哪一方面來看，她都絕對不是船上男性船員的附屬品，能力也不比他們差，艾倫與他們完全平等。到了最後，她打敗了致命的異形，她是我們全都引頸期盼的強大女性。在過程中，她挑戰了性別刻板印象，讓我們看見充滿力量的女英雄會是什麼樣子。

華特．懷特是電視影集《絕命毒師》中一位設定複雜的主角。他是一位付不起帳單的化學教師，他有一個需要特殊照顧的兒子、婚姻狀況不佳，又被診斷出末期癌症。這使他開始了一場製作冰毒的瘋狂冒險，成為了墨西哥南北邊界掌握大權的毒販。雖然他是反英雄角色，又時常作出糟糕的決定，但我們依然為他歡呼叫好。

歷久不衰的、最棒的角色都是複雜的，雖然他們必須面對周遭世界的外在挑戰，但真正重要的潛在故事是他們面對**內在**挑戰時經歷的旅程，在為你的**無法否決的故事**增加「第二步：感覺它」時，要隨時記得這個細微的關鍵差異。

「我覺得在最傑出的故事中，到頭來最重要的都是角色而非事件，也就是說傑出的故事都是由角色驅動的。」

——史蒂芬・金

重新定義衝突：避免英雄、受害者、惡人

典型的說故事方法，是為了充滿確定性的年代而設計的，這種方法通常會以敵對或者相反的方式架構出構想，那裡有個問題，這裡則有解決之道。

我們對上他們。

正確對上錯誤。

贏家對上輸家。

在如今這個破壞的年代，人們的世界觀與價值系統不斷碰撞，僵直的對立立場不再像以前一樣有效了，你的受眾常會依照不同的宇宙觀或法典來判斷可能與不可能、接受與無法接受、真實與非真實，你述說的破壞性願景正是在挑戰這些二元對立性的界限，我們想要的故事必須超越零和遊戲。

這是個難以克服的習慣，我們在過去一萬多年來都一直在說我們對上他們

的故事，我們習慣認為這些故事中有好人與壞人，有英雄與惡棍，我們順理成章地詆毀那些與我們不同的「他人」與「陌生人」。

為什麼這個存在已久的模型對破壞式故事敘述者來說會造成問題？因為我們不再生存於隔絕的、遙遠的、邊界明確的群落裡了，隨著社群媒體與通訊科技發展，一種新的全球文化逐漸浮現，在這種文化中我們全都互相連結（也全都比過去任何時候更加互相依賴），原本存在於我們的小世界與小故事中的安全感與舒適感，開始和不同身分認同的故事產生衝突，我們可能會因此感到迷惑。這樣的衝突將帶我們走向革命性的時刻。這就是為什麼新的說故事方法會包含這麼多承諾。

心理學家史蒂芬·卡普曼針對這種動態做了一個有趣的研究。他將該研究的結論繪製成名為**卡普曼戲劇三角**[9]的圖形。根據卡普曼的理論，構成戲劇的情緒逆轉只需要大致分成三種角色：迫害者、拯救者和被害者，任何戲劇性故事中的男女英雄都依照他們在不同時間點作出的不同舉動而在這三角色之間變換。卡普曼認為，如果沒有角色的變化，那就不會有戲劇性了。

卡普曼戲劇三角看起來像這樣：

讓我們一起思考一下我們自己是如何應用這個模型的：英雄、被害人、惡人。在傳統的說故事方法中，在你擁有英雄的那一刻，你就必須同樣擁有被害人與惡人。同樣的，如果你有一個被害人，你就必須有一個英雄和惡人。若沒有黑巫師佛地魔，又或者沒有需要拯救的巫師世界的話，哈利·波特真的會成為我們所欣賞的英雄嗎？

請容我提出警告，一個人的英雄可能會是另一個人的惡人。試想維基解密的創始人朱利安·阿桑奇。有些人，例如美國公民自由聯盟的人，認為他是維

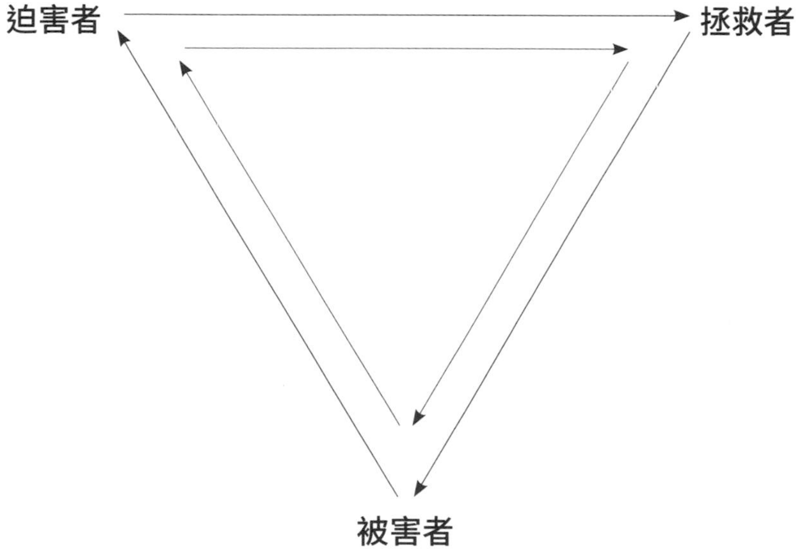

迫害者

拯救者

被害者

護了憲法第一修正案權與新聞透明性的英雄。其他人，例如美國政府的人，則認為他是揭露最高機密、使國家安全陷入危機的惡人。**你**又是怎麼想的？會不會這兩個故事都是真實的呢？角色是複雜的，或許阿桑奇一開始是個英雄，而後跨越了界線變成了惡人？又或者他一開始是個惡人，然後跨越界線變成了英雄？答案取決於你提問的對象，取決於誰在描述這個故事。

這就是為什麼我們如此熱愛故事，故事能透過本身的複雜性揭露人類經驗，極適合電影、電視和文學，但當我們和越來越多的不同群眾、群落、機構和國家互動時，故事是否也適合真實世界與商業世界呢？

如果你是英雄的話，那當然是好事一件——但到底有誰會想要成為被害人或惡人呢？

這就是破壞故事比傳統故事還要更複雜的地方了。

我們受眾中太常會有利害關係人被放在被害人或惡人的位置了，在很多案例中，我們這麼做的時候完全沒有自覺，只要是阻礙了改變的人、對問題有責任的人或問題的共謀者都會被放在惡人的位置，你若這麼做了，必定會讓那些人跳脫出故事，或產生戰鬥、逃跑或僵住（皮質醇）反應，如果你覺得自己的故事可能會在傳達時出問題的話，你很有可能已經不自覺地把你的其中一位利害關係人放在被害人或惡人的位置了（這兩個角色他們都不想擔綱演出）。

卡普曼戲劇三角或許比較能夠反映出人類這個說故事物種的過去，而比較難反映出我們正在前往的未來，當你想做的事是在個別產業或組織中推動典範轉移或帶來創新時更是如此。在提及破壞時，你必須超越英雄、被害人與惡人的故事，你可以聚焦在英雄面對的衝突上、渴望與困境之間的創意張力上、他們想要什麼以及遇到了什麼阻礙，這麼做能建構出同理心，而同理心的力量能強化我們之間的相似之處，使我們超過並跨越任何分離我們的相異之處，同理心會協助我們找到雙方皆有的人性，建構連結。

你可以在以下網址觀看有關於英雄／被害人／惡人故事的附加影片：

getstoried.com/worldchanging。

9 史蒂芬・卡普曼，"Fairy tales and script drama analysis"，karpmandramatriangle.com/pdf/DramaTriangle.pdf。

如何打造讓人產生共鳴的化身

在我們的說故事工作坊中，參與者要做各式各樣的練習，找出他們敘事核心中的渴望與情緒困境。在打造**無法否決的故事**時，破解故事密碼的真正秘密在於：以真誠的同理心描述你的角色面臨了何種內在衝突，我們最受歡迎的一個練習是創造人物設定，曾學過同理心地圖或人物設計發展這一類設計思考工具的人，可能會覺得練習的基本綱領很熟悉。

傳統人物設定與角色化身的最大鴻溝通常出現在過度理性化角色的感情生活，我們用一幅圖畫描繪出個體、他們的需要、渴望和一路上遇到的挑戰，這種描繪方法使我們開始欺騙自己我們很清楚一切是怎麼回事。

人類是理智的物種，會作出理智的決定，對吧？

不太對。那其實是一種錯誤的信念，一種「問題對上解答」的思維。

在現實世界中，人類是一種複雜的生物——無論人類是什麼，都絕不是會依循線性邏輯的可預測物種。我們從頭到腳都充滿了矛盾與悖論。東尼・索波諾、艾倫・蕾普莉和華特・懷特都是極端複雜的人，也都是英雄。雖然我們並不總是同意他們作出的決定，但正是因為他們擁有瑕疵與矛盾才使我們產生共鳴，我們會對他們以及他們在生活中遇到的人事物產生同理心。

你的情緒實相必須連接到受眾的情緒實相，若你在角色研究時覺得很艱難，就表示你與你的故事不夠緊密，你必須捲起袖子豁出去，你可以透過焦點團隊、訪談、使用者調查、民族誌學研究、傾聽之旅（listening tour）或其他類型的學習旅程使你與故事更緊密。

三十天內的角色研究

儘管你可能有辦法在數個小時內完成你的角色研究（請見以下的練習），但三十天是一個比較適當的時間區段，你不會想要在做這件事時太過匆忙，此事的成果品質絕對比速度還要重要得多。

練習：創造角色研究

運用下列問題打造你的角色研究：

- 定義你故事中的關鍵角色有誰。
- 選擇最重要的三到五人，誰是英雄或主人翁？
- 你應該由誰的有利觀點來說故事？
- 他們想要什麼、被什麼阻擋？
- 他們的渴望是什麼、困難又是什麼？
- 他們如何看待自己？世界如何看待他們？
- 你可以對你的角色測試和證實哪些假設？
- 你可以透過何種研究使你和角色變得更緊密？

名字：

年齡：

職業：

成長背景：

渴望：

困境：

內在感知：

外在感知：

「我對重新創造現實不怎麼感興趣，我感興趣的是重新創造情緒實相。」

——知名導演／吉勒摩·戴托羅

說故事的技巧與訣竅

當然了，在你發展主要角色時，有很多地方可能會出錯，以下是一些能夠幫助你沿著正確道路前進的技巧。

選擇正確的英雄：確認清楚你有能力應用你的產品、服務或解決方法對你打造的英雄造成影響與衝擊，別試圖去解決在你的直接控制範圍之外的事物。

這種作為是失敗的源頭。

用充滿熱忱的方式描述你的角色：在進行角色研究時，你很容易一不小心洩露出自己對某個角色的失望之情，換句話說，你和你的角色（也就是顧客、使用者、會員等）之間的關係可能很複雜，或許他們並不總是全心接納你的公司想要帶來改變的看法，又或者他們懷疑你們的品牌。雖然把他們描述得目中無人或較次等似乎很有吸引力，但請避免這麼做，你可以把你的故事變成一個關於愛的故事！雖然他們或許很難相處，但他們有哪些能彌補缺點或者討人喜歡的特質？不要讓你的角色因為想要他們想要的事物，而變成故事中錯誤的一方。

超越被害人與惡人：如果你真的想要改變世界，你需要傳遞的訊息必須超越區隔我們的事物，你的敘事有越大一部分建立在敵對、衝突或分裂之上，你就越有可能卡在你想要超越的這一個故事中，這是文字陷阱，是自我實現的預言，你要避開這件事，否則你必須付出的代價很有可能會是不必要的屠殺與永無止境的戰鬥。

避免假的解答：同理心和典型廣告行銷人物設定的盲點是呈現過度理性化的分析與解答，除非你在賣的是牙膏或尿布，否則你面對的議題絕對是複雜的，你要好好利用角色面對的矛盾，因為正是這些矛盾使你的故事更真實、更有趣。此外，如果你太早解決問題的話，故事接下來要怎麼發展呢？在「全劇終」之後我們就無處可去了。所以，請試著避免不成熟的結論。

在本章中，我們看到了把顧客打造成英雄能帶來的出色力量，我們也學會了使角色面臨衝突，使他們變得更具有吸引力、更有趣、更真實。我們探索了卡普曼戲劇三角，也探索了如何打造能引起共鳴的角色化身。最後，我也提供你一個簡單便捷的方法去創造角色。

正如你所見，情緒是所有具有吸引力的故事都必須擁有的關鍵要素，再加上改變的脈絡，你已經走了三分之二的路程，快要成功打造你的無法否決的故事並倍增結果了，如今還缺失的是第三個關鍵要素：真相的證據，這正是下一章的主題。

「或許，故事是具有靈魂的數據。」

——布芮尼・布朗

在這一章中，你可以學到……

- **把你的角色打造成英雄**
- **讓你的角色有衝突**
- **超越英雄／受害者／惡人的衝突**
- **如何打造顧客的化身**
- **三十天內的角色研究**

Chapter 6

第三步：相信它——真相的證據

暑假逐漸步入尾聲，這是我回到學校的第一天，我惴惴不安卻又滿懷期待地面對小學二年級的到來，我將要和老朋友聊天，並認識一些新朋友。

但首先，我的新老師打算要宣布一件很特別的事情，她小心翼翼地展開野生動物收容中心瑟維昂動物園寄來的一封信。她唸道……

親愛的薛米爾女士與托姆貝小學的二年級學生：

我們審慎地挑選了你們協助動物園完成一項特殊任務，我們的動物園今年將進行大規模翻新，為了讓動物們能在這段時間享有健康的生活，我們決定邀請當地家庭在這段過渡期提供空間協助我們寄養部分動物，我們選擇了你們班來執行這項光榮的任務。

整個教室瞬間被興奮的尖叫給淹沒了，我們立刻開始討論每個人要帶哪種動物回家。蘇菲常騎馬，所以她要負責的動物顯而易見，尼可拉斯對青蛙非常著迷，所以我們全都知道他會想要哪種動物，文森總是想要養一隻浣熊當寵物，所以他的選擇也很明顯。

那我呢？我馬上就知道自己要養什麼，我要帶一隻來自亞馬遜叢林、身長十五呎的紅尾蚺回家，我小時候非常愛蛇，但我母親一提到蛇就膽戰心驚，我們家不准養蛇當寵物。

你必定想像得到，晚餐時間我向家裡解釋開學第一天發生的事，以及我們家將要在接下來的一個學年寄養一隻紅尾蚺時，家人們的反應有多麼激烈。我母親當然非常希望能搞清楚這到底是怎麼一回事。她向我保證，明天一早她就會衝到學校去和老師談談。

不可以！我覺得太難堪，又太害怕會失去我的蛇了，以至於我發了非常大的脾氣。之後數年全家人都對此事印象深刻，我不想讓母親離開家，我甚至試圖把她的車鑰匙丟進水溝裡。這個故事後來變成我們家的一個傳奇，很有可能會在我過世之後繼續流傳好幾年。

我和你分享這個故事的目的，是要描述我們的大腦在聽到故事時能具有何種力量。

當時我還是小孩，一心認為這個故事是**真的**，我們的老師是個值得信任的權威，她讀了當地動物收容中心瑟維昂動物園寄來的一封信給我們聽，這個動物園也是一個值得信任的權威。信件說，我們可以花接下來幾個月的時間執行這項重要任務，我覺得自己是特別的，是被選中的人，是受祝福的人，因為我最瘋狂的夢想之一就要成真了。

然而之後的發展並非如此。想當然耳，我們的老師在隔天接到了十幾通憂心忡忡的電話之後，便向我媽媽與其他家長認真道歉了，那封信不是真的。動物園沒有提供這個非同小可的任務。我們的老師解釋說，她只是想要讓我們這些小孩心懷期待，準備好學習她將在那個學年教導我們的動物王國課程。

你是否曾在聽完一個故事之後，才發現那個故事是假的呢？你當時作何感想？你對於告訴你這個故事的人或公司有什麼想法？你之後還會相信他們嗎？

若你即將要做的事從未有人做過，你要面對的就會是特別艱難的挑戰。你要販賣給人們的是尚未存在，或者至少尚未完整存在的事物，一個**可能的**未來。正如我們先前看到的，如果你的受眾看不到也感覺不到那個可能的未來，他們又怎麼能相信那個未來呢？這就是為什麼你必須先讓人們因故事而感到激動並投入情感，之後才能影響他們的決定，使他們全心接納那個未來，若你沒有做到這些事，他們只會覺得那個未來不可能實現，人們最感興趣的故事正是從某方面來說與**他們**有關的故事。

在二〇一八年的谷歌I／O年度開發者大會上，谷歌呈現了他們的未來願景。他們公布了最新版本的「谷歌助理」科技，在演示過程中，執行長桑德爾．皮查伊播放了一段谷歌助理獨自打電話給理髮店預約的錄音，從頭到尾都是谷歌助理獨立完成預約的，新聞指出：「完全聽不出來那是機器人的聲音，理髮店員工似乎也沒有發現他們正在跟人工智慧說話。」[10]這樣的未來可能性使人激動，而且這個故事的重點全都放在將會使用這個科技的消費者身上。

湯瑪斯．愛迪生曾說過：「無法執行的願景只不過是一種幻覺。」世上的所有願景都一樣，要是無法被轉變成現實就不值一提，我們所有人在跨越不信任的障礙並推動眾人買下我們銷售的承諾時，都必須面對這種創意張力的挑戰。

現在你和你的受眾已經在脈絡與情緒上都站在同一陣線了，是時候該回到**數據**了。在本章中，我們將檢視的是你要呈現給受眾看的支持性證明，也就是數據與證據，以便讓他們合理解釋你的宏大構想。你要向他們展現你的故事已經具有證據能證實其真實性了，你的故事不是以假扮真的空想，你要透過你消化與創造的故事來過濾、設想並扭轉真實的經驗。

如果你目前為止都有好好說出**無法否決的故事**，你的受眾將會希望你的願景能獲勝，他們會諒解你的產品還在發展中，所有創新都是如此。畢竟你在做的可是從未有人做過的事！然而，儘管你充滿熱忱與信念，但鮮少有真相能夠不證自明。

10 克里斯・威爾奇（Chris Welch），“The 10 biggest announcements from Google I/O 2018,” The Verge，二〇一八年五月八日。

「真相通常並不純粹，並且從不簡單。」

——奧斯卡・王爾德

根據真實故事改編

我們的整個人生都立基於故事上。從我們還是孩童時家長讀給我們聽的童話故事、學校教會我們的歷史故事，一直到教育我們如何分辨周遭世界對錯的宗教寓言與家族傳奇。

人類學家瑪莉・凱薩琳・貝特森（Mary Catherine Bateson）認為：「人類透過隱喻思考，透過故事學習。」而有趣的是，故事向來不是真相，至少不是嚴格定義上的真相，故事都是短暫的，是現實的替代品。然而，它們卻是能夠抓住人生最深層真相的方法中最有力的一種。當然了，發現一個故事是假的或者騙人的絕對是最令人震驚的一種背叛。我透過嚴峻的現實學到了這一課：我的動物園動物一直沒有出現，正如好萊塢的著名諺語所說：生活是根據真實故事改編而來的。

回想一下你最喜歡的奧斯卡男女主角得主。《王者之聲》裡飾演國王喬治六世的科林・佛斯。《為你鍾情》裡飾演瓊恩・卡特・卡許的瑞絲・薇斯朋。或者在《自由大道》裡飾演哈維・米爾克的西恩・潘。每個人扮演他人的技巧都太有說服力了，使同儕感動到願意頒獎給他們，他們獲得奧斯卡殊榮是因為他們都是**最厲害的騙子**。這件事重新定義了「以假扮真」的概念與價值。你為什麼要看一部你明知不是真實故事的電影？因為你願意接受伴隨著好故事而來的契約，電影是一種真實世界擬真系統，然而為了能讓你從頭看到尾，電影最好要能引起共鳴。

同樣的道理，你在設計**無法否決的故事**時，也必須克服他人的不信任。

這是破壞式創新最大的障礙，這也是為什麼我要在本書中教導你這些說故事技巧，如果你能設立吸引人的前提（改變的脈絡），建立角色和同理心（情緒兩難），那麼你的受眾將會懇求你提供數據（真相的證據）。無論你目前在「使願景成真的旅途」中的哪一個位置，他們都會表現得特別寬宏大量，他們將會把你的旅程視為他們也希望能參與的旅程。

以下是你的受眾會針對你的故事詢問的三個問題：

1 你怎麼知道這個故事是真的？
2 你有什麼權利告訴我們這個故事？
3 我們怎麼能信任這個前提？

在本章中，我們將探索一些策略，讓你能夠有（也應該有）方法去組合真相的證據，使你的故事顯得可信、可靠。

如何用數據支持你的承諾

理論上來說，每一個法律案件的輸贏都立基於支持性證據，如果證據顯然對你有利，從某方面來說又是實證（舉例來說，雙方都簽了字的書面合約），你就很有可能會贏得案件，如果你的證據缺乏說服力，或者根本沒有證據存在，你很有可能會輸掉案件，當然還有其他因素會影響法官或陪審團的決定，有些因素我們已經在先前與脈絡和情緒有關的說故事策略中提過了。

同樣的道理，在述說你的**無法否決的故事**時，你必須呈現證據來證明你的故事是真的也是可能的。

證據的十五個來源

1 表現指標
2 個人故事
3 使用者調查
4 科學證據
5 測試企劃
6 歷史先例
7 示範產品
8 顧客
9 證詞
10 第三方背書

11案例研究
12解釋影片
13社群
14活動與體驗
15思維領導

讓我們逐一解釋這十五個不同的證據來源。

1**表現指標**：這是最顯而易見的證據，財務數據與表現量表。一般來說，若你還處於創新前端的話，是不會有指標可用的，使用這個證據來展現人們對未來成果的積極反應與前進動量。

2**個人故事**：這是光譜另一頭的工具，分享你的追求背後的起源故事，或者發生在你或某位顧客身上的個人故事，這個故事要能象徵夢想、渴望與兩難。利用這個工具展現意圖、目的與動機。

3**使用者調查**：此項目包括質性與量性調查，設計調查時要把你與你想服務的對象間的關係拉得更近。他們想要、需要或在乎什麼？利用這個證據來人性化位於故事中心的角色。

4 **科學證據**：此項目包括調查研究、專利、演算法等證據，任何能夠使你的故事在科學的嚴謹評估中站穩腳跟的證據都包含在內，利用這個證據來證實故事的根本前提、科技或區別定位。

5 **測試企劃**：此項目包含了初始測試、概念證據和最簡可行產品，這個企劃就像能夠表現出需求能力與功能性的短程衝刺，利用這項證據來證明你的願景在小規模上是真實的、可能的。

6 **歷史先例**：你將在此使用你在其他類型企劃曾獲得的里程碑、突破與進展，一件事情的歷史先例越多，我們就越有可能認為它是真實的，利用這個證據來建立你的過去實績，並展現目前主題曾造成的衝擊。

7 **示範產品**：你將在此提供產品作用方式的互動示範，讓人們稍微嘗試可能成真的事物，使你的產品從抽象轉變為實體，利用這個證據來具體化你的訊息，讓受眾親自體驗你的承諾。

8 **顧客**：此分類包括了名字、頭銜、商標和照片，理想上應該要和你的受眾喜歡、尊重和認識的人或品牌有關，利用這個證據加強信任、共鳴與相關性，與他們相似的對象也認可你提供的產品。

9 **證詞**：此項目包含了來自使用者、顧客或相關領域專家的書面與影片評價，此方法能讓你透過「他人」來說故事，並證實你的目的是有益的，利用這個證據向受眾展現還有更多對象能證實你的願景。

10 **第三方背書**：此項目包括獎項、非廣告媒體報導和證書，你的交易立足於聲譽、名人與他人的可信任威權，利用這個證據讓新事物在受眾熟悉的領域站穩腳跟。

11 **案例研究**：此項目含括過去成功案例的故事和敘述，讓受眾得以想像出這一趟旅程的最初需求一直到最終成果，利用這個證據鼓勵你的受眾把這趟旅程當作他們自己的旅程。

12 **解釋影片**：長度一至三分鐘的一支短片，用這支短片描述你做的事、你服務的對象、產品如何運作以及為什麼產品至關重要，利用這個證據簡化複雜的事物。

13**社群**：此項目包括了使用者論壇、臉書社團、電子郵件清單和其他社群媒體。找出人們交互作用的節點，證明人們會在重要議題上建立連結並表達自我，利用這個證據展現出使用者的投入與著迷程度。

14**活動與體驗**：此項目包括研討會、高峰會和聚會，這些活動的設計目的是透過面對面的真實世界互動活化你的構想，利用這個證據展現你的產品擁有積極且投入的社群，他們對於建構未來懷有共同的興趣與渴望。

15**思維領導**：此項目包括會談、高峰會、書籍、白皮書和網路研討會。創造內容行銷策略，展現出與特定類別有關的深度見解，利用這個證據在你的領域建立相關專業知識、權威和承諾。

說故事的技巧與訣竅

真相通常是因人而異的，重點在於說故事的人是誰。真相令人難以捉摸，也很難用黑白分明的方式做結論，而灰色也有很多種不同的濃淡程度，在你形塑證據來傳達無法否決的故事的核心真相時，你可以參考以下技巧。

● **依然是創新**：如果你沒有足夠的數據能證明你目前為止的進展，該怎麼辦？多數創新者都是如此。你在進行的項目是新的、純理論的。所以，請你聚焦在其他證據上，例如能夠證明需求與未滿足需要的調查研究，或者能夠合理證明現今機會的歷史先例和力量聚合。

● **找到隱喻**：你可以用「比喻」這個強大的方法展現你的產品就是或相當於在其他脈絡成功的機會，例如「我們是招聘界的優步。」、「我們是數位流浪者的 WeWork」、「我們是寵物的 Tinder。」（對，有專門給寵物用的 Tinder。事實上，有好幾個類似的產品，像是午後狗約會（Dog Date Afternoon）和吠吠伙伴（BarkBuddy）等。）然而，使用這個策略時要特別小心，過度使用會使你的論述變成陳腔濫調。

● **有關社會衝擊的故事**：述說一個人的生命被改變的個人故事，接著把被改變的生命數量倍增成產品能服務的人數。舉例來說，你可以說：「這就是伊麗莎白的故事，而她只是我們在過去這一年改變的三千人中的一人。」正如神經科學家保羅．J．扎克提醒我們的，我們首先需要個體人類的故事讓我們產生共鳴，接著我們才能與更大量的抽象數字產生連結。

● **你的敘事讓人覺得不可信**：回到步驟一（看見它）和步驟二（感覺它）。若你的敘事讓人覺得不可信，就表示你出現了深度的基礎偏差並且缺乏相關性，進一步檢視你是如何選擇要建構目前這件事的，接著再重來一次。

在本章中，我們探索了在你說故事時真相扮演了多麼重要的角色，以及你需要為受眾回答的三個問題，我也告訴你如何使用數據與證據來證明你的**無法否決的故事**是真實的、可信的。此外，我提供了一些警世事件和技巧供你在打造自己的**無法否決的故事**時可以參考。

請記得，如果你不好好說出你的故事，就會有其他人替你說。

你的無法否決的故事要由你自己來說，有了在本章與本書中學到的知識，你就能做到這一點。

而且是持續地、輕易地、充滿力量地做到。

「壞消息是，沒人有地圖。好消息是，你是地圖製作者。」

——著名社會學和組織管理學專家／羅莎貝・摩絲・肯特

在這一章中，你可以學到……

- 說實話
- 用數據支持你的承諾
- 證據的十五個來源
- 排錯的真相

Chapter 7

如何打造敘事智商

在你帶著自己的**無法否決的故事**前行的同時，我希望你能把下列的前幾章重點記在心中。它們會成為你的嚮導，希望我則會成為你的鼓勵者，伴隨你破壞既有的世界，並把世界改變成對所有人來說更好的所在。

每個人在商業界都同樣必須面對三種限制：時間、金錢與人力。然而，當你把說故事與創新的力量成功疊合後，你將能延展並抗拒這些限制，使歷史變得對你有利，有了正確的故事，也就是你的受眾無法抗拒的**無法否決的故事**，你就能使自己的表現比現在好上十倍。

若你能通過九成測試，在五分鐘內讓九成的受眾都和你站在同一陣線，你就會知道你已經找到了正確的故事。依照我的經驗，達到這個目的的最佳方法是在簡報時讓你的受眾感覺良好，並創造**答應**的動能，若你想要轉變這個世界對你的產品、動機或訊息的看法，你必須聚焦在使眾人自我感覺良好上。

你可以用簡單的三步驟打造屬於自己的無法否決的故事：

脈絡

現今的商業越來越個人化了，一旦你理解了自己，你的故事就能清楚明確地傳遞出你的價值觀，故事敘述者的核心將會成為故事的核心。

你一定做得到，訣竅是你必須使用敘事性**思考**，敘事思考是你與生俱來的能力，你的DNA裡中其實就具有創造故事的基因。科學家已經找出

故事	敘事	故事＞敘事
設定	脈絡	用充滿理想的方式呈現未來──改變如何帶來機會。
衝突	情感	打造同理感，描述渴望與難題之間的鴻溝。
解答	證據	提供支持性數據來合理化宏大構想提出的承諾。

了這個特定基因FOXP2，他們稱之為說故事基因，你出生時就準備好要說故事了。所以你要留意整體局勢，留意你要如何用充滿理想的方式建構你的訊息，協助人們在今天看見明天的機會，有什麼事值得他們景仰和慶祝？

具有影響力的故事敘述者會將各方力量——科技、經濟與文化匯聚起來運用，並將這種力量的匯聚放進能夠自我實現的脈絡中，為什麼你描述的改變會是必然發生的未來、是世界自然而然前進的方向？我們要如何駕馭這種能帶來正向衝擊的力量？

- 科技力量：硬體、軟體、介面、外觀、頻寬等。
- 經濟力量：更低的成本、更高的有效度、供需改變等。
- 文化力量：新社會價值、新興潮流、重新定義常規等。

情緒

情緒是推動故事前進的燃料，神經經濟學家保羅．J．扎克發現，典型的說故事結構會帶來可預測的荷爾蒙反應：先是皮質醇，然後是催產素。典型的故事會利用戲劇化發展或困難（皮質醇）抓住你的注意力，接著再提供幸福快樂的結局（催產素），你已知道了我們可以反轉這種出現順序，基於感覺良好原則，你希望能從催產素開始，而非皮質醇，過多的資訊使我們越來越頻繁地處於戰鬥、逃跑或停住的狀態中，我們需要打破這種循環，放鬆心情，回到接納的狀態。

其他研究人員發現，人們在閱讀故事時會建構出栩栩如生的心理模擬，鏡像神經元不只會在**我們**作出特定行為時啟動，也會在我們看到**他人**作出相同行為時啟動，無論是在現實中看到還是故事中看到都一樣。

每個人都具有不同的神經生物學構造、不同的生命歷程以及對周遭世界的不同感知方式，我們要懂得理解這些不同：與其強迫觀眾接受你的觀點，不如迎接他們進入一個刺激的嶄新世界。

當你心生質疑時，請將你的顧客打造成故事中的英雄，科技產業習慣把產品或品牌打造成故事中的英雄，而非把人打造成英雄。當你把產品當作英雄呈現給受眾時，你將會聚焦在產品不可思議又引人注目的特質與好處上。但事實上，焦點應該要放在產品的**使用者**身上，使用者想要完成什麼事？**需要達成的工作**為何？他們希望能透過這個產品來創造或獲得什麼事物？他們再三遇到的惱人障礙為何？他們在何處感到痛苦？這個新事物能如何幫助使用者獲得更好的成就並跨越他們在路上遇到的障礙？

證據

在打造**無法否決的故事**時，你呈現的證據要能證明你的故事是真實的、可能的，你要證明你為什麼有權說出這個故事。隨時記得，真相通常並不純粹或簡單。真相令人難以捉摸，也很難用黑白分明的方式做結論。

創造一個**無法否決的故事**代表你要探索得更深、看得更遠並擴展你對真正可能事物的眼界，代表你要知道故事不是一件物品，不是名詞。故事是過程，它是動詞，而且它是敘事的連續體的一部分。你的目標不只是敘事性思考，而是發展出敘事智商。

創造新故事的過程

現在你已經學會如何創造**無法否決的故事**的基礎原則了，這是一種變革性架構，能幫助你傳達更宏大也更好的未來敘事。你在任何時刻都可以使用這個架構激勵他人、帶來影響力或創新，你也可以用這個架構幫助他人看見伴隨著破壞式改變而來的可能性、機會與潛力，由於這個新方法可能會挑戰舊習慣，所以你要給自己一些時間代謝、測試並探索這些方法，你可能會在這一路上經歷幾次頓悟時刻，並獲得一些新見解，或許你會熱切渴望向合作夥伴、團隊成員和同事分享這些見解。你準備好要創造新故事了嗎？接下來我們要一起回顧創造的過程。

在本章，也就是最後一章中，我們將會回答這些問題：

1. 若你想要改變並打造新故事，該從哪裡著手？
2. 你要如何領導你的伙伴或團隊瞭解變革式故事的創造過程？
3. 若你想將說故事變成組織才能之一，要付出哪些努力？

我們將會透過下列項目進行實際操作：

- 如何以故事開始
- 如何領導故事衝刺
- 領導力就是溝通力
- 發展敘事智商
- 實際應用你的故事

讓我們繼續前進，把鏡頭拉遠，將你所學的事物放在更宏觀的脈絡下，作出行動，如何將所學應用在真實世界中，抓住更大的機會，利用下一個階段的說故事來轉變你的公司、文化或社群。

「你必須有能力在生命中溝通，這件事無比重要……若你無法溝通、和他人對話並把你的構想散佈出去，那麼你就是在放棄你的潛能。」

——華倫・巴菲特

如何以故事開始

請記得，你翻開此書時心中已懷有願景、渴望或目標了。你有一個更宏大的故事要說，你要釐清自己的目標與渴望的結果，我希望你能重新連結上自己的動機與靈感，以只有你能說的故事開始。

你從哪裡獲得打造與傳播新故事的許可？答案取決於你的角色，好好利用你的影響範圍。如果你是執行長，你可以從影響整個公司的故事開始，若你處於其他職位，你或許需要聚焦在你的職能領域、工作團隊或動機上。你要在接下來的十二個月內達到哪些策略上的優先項目？哪些項目會得利於更強大的故事或更吸引人的訊息？你需要加強哪部分的能力才能說服並吸引其他利害關係人，讓他們同意你的看法？現行故事的哪個部分讓你覺得不順暢或在傳達的過程中失真？

你擁有一個全世界都想知道的故事。

以下是能讓你找出動機的幾個潛在線索：

- 重新建構你描述自己是誰、你在做什麼以及這件事為何重要的方法
- 重新安排你的商業位置，為你提供的事物增加感知價值
- 領導企業轉型並重新想像顧客體驗
- 提升你的公司對設計的想法，設計是一種策略需求
- 募集數百萬美元或確保你的下一輪贊助金額
- 在高競爭市場中重新招聘並吸引可能範圍內的最佳人才
- 在下一次的公司全員大會中激勵數千名員工
- 破壞你所處的職場，並希望能重新定義局勢
- 改變你所處的領域中人們談論特定動機或社會議題的方法
- 將高科技路線圖人性化成更宏觀的願景
- 在任何受眾面前簡報都更有自信

你要把故事安排好，這麼做能幫助你在呈現更宏觀故事時抱持著更有意義的動機和原因，你可能會覺得要作出選擇並非易事，然而此選擇將會決定一切。

所以你要好好釐清這件事為什麼至關重要，在此過程中，最基本的第一步就是找出有哪些事物會面臨風險。

如何領導故事衝刺

和你的團隊一起發展**無法否決的故事**時，首先，你可以花半天的時間和他們一起做深入分析，探索本書中的概念與練習，或者你也可以選擇參加我們的工作坊，我們每年都會開設數十次工作坊引導並協助大小團隊發展**無法否決的故事**。一開始，你要先找出你必須打造的故事具有哪些元素。

把你的故事想像成樂高積木，你是否曾把一盒樂高拿給孩子？他們首先會拼裝的會是什麼？當然是盒子上的圖片。樂高會附上拼裝指引，但沒過幾天或幾週之後，孩子就會覺得無聊了。又或者更棒的是，他們可能會受到啟發。他們想要創造新東西。所以，他們會怎麼做呢？他們會拿出之前拼好的樂高，拆掉之前的創作。他們會把這些拼好的樂高摔到地上，建造出新的。這就是你在進入自己的**無法否決故事**旅程時必須做的事：拆掉以前拼裝的樂高，拿出你過去打造的事物，然後建造出新的。**看見它、感覺它和相信它**這三個階段的練習就是要引導你做到這件事。

在我們的經驗裡，創造無法否決的故事流程中的第一個階段至少要花九十天。

在頭三十天中，你會希望能和你的組員一起做**故事探索**，判別所有樂高積木、闡明願景指標並找出所有關鍵的限制條件與需求，你的敘述需要達成什麼目標？你需要對誰做敘述？原因為何？你真正必須承擔風險的是什麼？為什麼你必須釐清你的故事？

在接下來的三十天中，你將進入**故事設計**：你要建立**無法否決的故事**的大綱，接著你要開始替這個大綱骨架創造肉體，用具有支持力的細節——脈絡、情緒與證據，替整體敘事增添色彩與生氣，訊息地圖和腳本能幫助你組織化所有各種不同元素。

在最後的三十天中，你要做的是**故事發展**，聚焦在創造最後作品或實體上，藉此賦予敘事生命，通常你們創作出來的會是簡報、書面敘事或影片，請釐清你要在什麼場合呈現**無法否決的故事**，你們需要誰在這趟旅程的不同階段同意你們的看法並沉浸其中？

我們推薦你找小型工作團隊一起進行這九十天的流程，最理想的狀態是找三至五位領導人每週為此開會一次，你可以在日常的檢討會議中定期把更多人帶進這個流程中，獲得更多人力、驗證假設並創造共識。

到了第二階段，就是改變文化的時候了。這階段很可能會持續三至九個月。你的敘事對客戶來說有多真實，它就有多強大，想當然耳，這個敘事對銷售部門、跨部門伙伴以及前線員工而言的真實程度，更是會影響敘事的強大程度。你不能單單按下一個寄送鍵或者發表鍵就期望人們理解並接納你的故事，無論你的利害關係人、渠道和接觸點的狀況如何，你都必須邀請人們進入你的新故事中，給他們機會去體驗新故事並與之互動。通常我們可以透過公司大會、全員大會、高峰會和各種工作坊執行這個階段，關鍵在於你不只要呈現新故事，你還要創造互動，讓人們可以試著把這個故事當作他們自己的故事，他們將有機會探索，並選擇自己是否屬於新故事。

你也需要訓練手下的領導人如何呈現新故事，理想上來說，每個人都應該透過自己的個人故事把新故事個別化，並賦予它生命，鮮少有領導人能直接做到這件事，多數人都需要他人在過程中提供指導。一旦領導人克服了最初的恐懼與不適，他們將會發現自己對他人的影響力達到了新的層級，也會對自己與他人建立連結的方法充滿信心，你很快就可以把他們轉變成真正的信服者。

在第三階段，你要延伸製造故事與製造文化的過程，藉此定義慣例與體驗。此階段的轉變旅程會持續十八至二十四個月，從員工入職、顧客的英雄故事一直到公司的內部活動，這些事件都能使你對世界的願景變得栩栩如生。傑出的說故事方法最美麗的地方在於當你使用了正確的方法，你的故事將會變成永遠不會結束的故事，只要世界還在繼續改變，你就會隨之改變。也就是說，你永遠都會有新的章節要寫，永遠都會有新方法能傳達嶄新的未來承諾。

為了協助你想像故事的可能性，請先利用補充欄位「實際應用你的故事」確立**無法否決的故事**的基礎，再檢視能把結果放大十倍的故事創造清單。

領導力就是溝通力

想成為傑出的領導人，你必須是溝通大師，你必須擁有啟發與激勵他人前往更美好未來的個人魅力。你要有能力和任何你遇到的人發展出融洽關係並展現同理心，有意願表現出坦白、率直與真誠，有足夠的機動性能，隨時對受眾需求作出反應，你要邀請眾人瞭解你是誰，以及你為什麼在乎。接著從這裡出發，邀請眾人進入故事背後的更宏大願景中，讓他們看見哪些事對他們來說真的有可能，而我們能共同創造或維護哪些事物。這就是故事敘述者在過去數千年來扮演的角色，只不過如今的脈絡與風險都已有了極大的改變。

此過程將會為組織帶來一些獨特的挑戰，你手下可能只有少數領導人是天生的故事敘述者與溝通者。他們能靠著直覺把點連成線，人性化手上的任何主題。那麼，你要如何應對其他人呢？他們或許是能幹的管理人，能夠用艱深的科技與分析技術為公司創造傑出的商業成果，然而有時候他們並不具備領導眾人經歷改變所需的情緒技巧、連結技巧與溝通技巧。

未來的改變半衰期將會越來越短，創新會是這個適合存活世界中的最後生還者。屆時管理波動性、不確定性、複雜性和模糊性（volatile、uncertain、complex、ambiguous，簡稱VUCA）將會成為新的商業常態。人工智慧、機械學習與大數據將會大量破壞目前日常生活的基本假設，未來世界的樣貌將會大幅改觀，超出現在多數人的想像，能為此作好準備的人少之又少。這就是現實。是的，就算未來會出現如此巨大的改變，我們終將會適應，如今領導力的語言正努力跟上改變的速度，我們需要新詞語和一組新工具，才有辦法敘述與創造未來。

而要達到這個目標，我們必須冒險去變革說故事的方法，我們需要適合破壞年代的新語言與論述，創造出許多人都希望能成真的未來。想要達到此目標，我們必須做的就是駕馭**無法否決的故事**的思維、方法與力量。

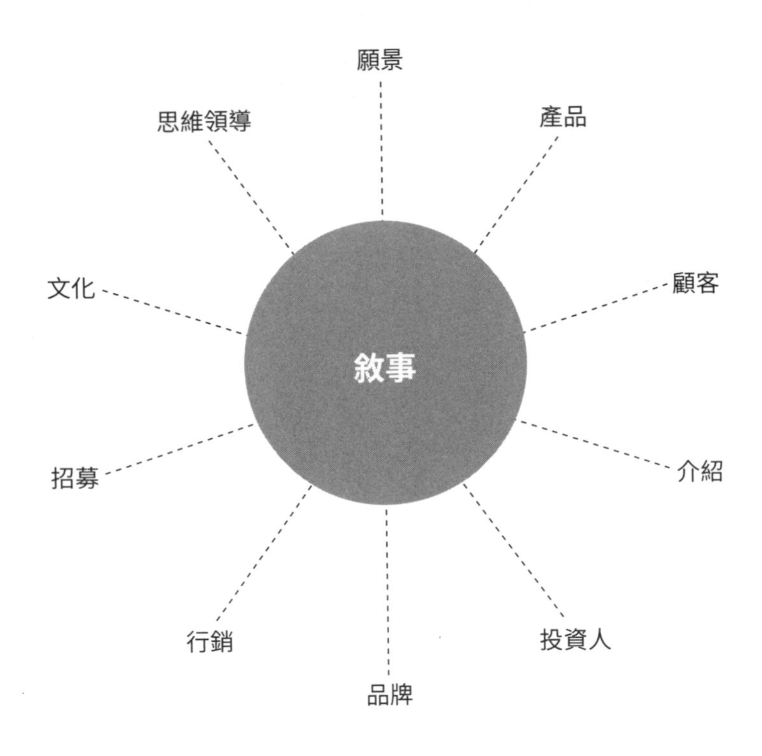
實際應用你的故事
願景
產品
顧客
介紹
投資人
品牌
行銷
招募
文化
思維領導
敘事

1 願景故事∨啟發

超越策略或OKR。賦予策略生命，用指標訂定世界前進的方向，你要如何把這個未來轉變成自我實現的預言？

2 產品故事∨意義

超越路線圖或特性。將你的產品或解決方法人性化，放進眾人的生活中。你要如何使利害關係人同心協力，使所有人投入情感？

3 顧客故事∨同理心

超越單純的人物。釐清你的故事是為誰設計的，以及如何讓他們對故事產生連結，他們想要什麼，受到什麼阻礙，你又能如何改變他們的生命？

4 介紹故事∨起源

超越單純的歷史，告知你的企劃存在的理由、企劃剛開始有多渺小以及你對更好的文化有何貢獻，為什麼你的態度認真又值得信任？

5 投資人故事∨機會

超越單純的簡報。描述破壞式改變、機會市場以及你的解決方法，為什麼你的團隊最適合執行這件事？

6品牌故事∨風氣

超越單純的口號，為組織的承諾、目的與價值帶來生命提出宣言，給予人們能相信的事物，屬於一個群體是什麼感覺？

7行銷故事∨標語

超越單純的市場進入策略，聚焦在你想創造的改變。你想在情緒、信念和行為上創造何種改變？你能串連哪些故事，使改變成真？

8招聘故事∨人才

超越平凡的入職。吸引正確的人才，你要如何吸納他們加入你的文化中，他們要如何作出最有意義的貢獻？

9文化故事∨歸屬

超越停滯的使命與價值陳述，實踐品牌與價值，哪些故事能使風氣與訊息變得栩栩如生？歸屬的慣例是什麼？

10思維領導故事∨構想

超越定位陳述，分享在你在此產業中獨一無二的觀點或專才，你要如何證實你會致力於實現你對此領域的未來作出的承諾？

發展敘事智商

正如我們先前探索過的，**無法否決的故事**並非只會發生一次的童話或趣聞。這是一種全新的說故事方法。請你聚焦在十倍的思考上，藉此獲得根本性的飛越以及大規模的系統性變革，破壞的年代誕生於原創性與問題解決（工程師）之中，然而在破壞年代成熟之後，它需要的是更多詩人與創造力（哲學家）。我們全都渴望能擁有更成熟的論述，把焦點放在科技重新想像與重新創造世界後造成的倫理結果、取捨結果與非預期結果上。

這件事對你來說有何意義？創造一個無法否決的故事代表你要探索得更深、看得更遠並擴展你對真正可能事物的眼界。你需要一再重複——你要知道故事不是一件物品，不是名詞。故事是過程，它是動詞，而且它是敘事的連續體的一部分，你的目標不只是敘事性思考，而是發展出**敘事智商**。

我們全都很熟悉認知智識（以IQ衡量）以及近來出現的情緒智識（以EQ衡量）這兩種概念，一般認為，IQ相對來說不會隨著時間改變，EQ則可以透過覺知與練習改善。同樣的道理，敘事智商，能夠以邏輯理解事物、投入事物並與他人產生連結的一種與生俱來的能力，也可以透過覺知與練習改善。

正如商業說故事開創者史帝夫．丹寧（Steve Denning）的解釋：

（敘事智商）代表的是一個人有能力以敘事方法理解這個世界、熟悉敘事的不同要素與維度、認知世上有哪些不同故事模式，並了解在何種情況下使用哪一種敘事模式最有可能會造成何種影響。它也代表一個人知道要如何克服基本歸因謬誤並理解聽眾的故事，敘事智商也表示，一個人有能力預期有哪些動態因子會如何決定受眾對新故事的反應，以及特定受眾，是否有可能透過特定溝通工具在心中產生新故事。[11]

敘事智商是雙向說故事，將會取代過去的單向說故事法，這是領導能力的終極測試，你將藉此得知自己是否能激起靈感、喚起情緒並隨時對當前空間或當下這一刻的需求作出適當回應，是最偉大的領導者必備的才華之一，就是為了現在與未來可能出現的狀況而活在當下。

「智商是一種適應改變的能力。」

——史蒂芬・霍金

「這就是我們這些故事敘述者在做的事，我們用想像力恢復秩序，我們一而再、再而三地一點一滴匯聚希望。」

——電影《大夢想家》／華特・迪士尼

在「傑出故事」公司裡，我們將敘事智商視為一種發展途徑。

敘事智商有三大元素：

11 史蒂夫・丹寧，"Beyond storytelling: narrative intelligence"，SteveDenning.com，二〇一六年。

● 思維：在挑戰與限制中看見可能性。
● 方法論：知道如何為共鳴進行架構與重新架構。
● 才能：成為眾人希望你成為的領導者。

你已在本書中認識頭兩種元素——思維與方法論了，下一階段的領導能力是一條發展路徑，讓你從思維與方法論發展至才能，我們可以將這種才能歸結為具體的存在或內在的能力，以及在日常生活直至最苛刻情勢等任何狀況下，你都能溝通與連結的後天技巧。

屆時的最終目標就是你要如何把「說故事」建構成一種才能。

那麼我們又要如何看待機器人與人工智慧呢？難道它們不會淘汰說故事的需求嗎？事實正好相反，隨著越來越多工作被自動化，未來最重要的能力將會是解讀與意義創造，現代人工智慧的最大限制是什麼？脈絡與同理心。請留意先前「第一步：看見它」與「第二步：感覺它」間的連結，使我們最人性化的能力就是我們的敘事能力，雖然你能教導機器模擬出對細微差異的理解以及關心，但晶片依然不是有感知能力的生物，至少目前還不是。

使我們有能力創造意義的是意識，也就是我們解讀複雜訊號與矛盾訊號的能力，正是意識定義了我們這個物種，使我們與其他物種有了區隔，這就是為什麼敘事智商將會變得比過去任何時刻都還要重要。

雖然人工智慧將重新打造現代生活中的許多面向，但敘事智商才是我們最渴望能獲得的東西，我們需要透過敘事來建立與維持人性。文化是由意義建構而成的，無論自動化科技如何演進，人類都是一種天生就想要創造意義的物種。這就是為什麼數據、產品和結果永遠無法自己發聲，說故事的必須是**我們**。由此可知，到了最後，在我們自身之中與公司中打造敘事智商將會是領導力的關鍵，若想創造出我們全都渴望的未來，敘事智商將是不可或缺的一部分。

未來的十大技能

請瀏覽以下來自世界經濟論壇的未來十大技能。[12]你會看到幾乎所有技能都

12亞歷克斯・葛雷（Alex Gray），"The 10 skills you need to thrive ir the Fourth Industrial Revolution," World Economic Forum，二〇一六年一月十九日

落在敘事智商這個類別的範圍之內。這些都是能使我們進一步發展的解讀與連結技能。或許這就是為什麼有越來越多組織認為說故事應該成為組織才能之一。

二〇二〇年

1 解決複雜問題
2 批判性思考
3 創意
4 人力管理
5 與他人協調
6 情緒智識
7 批判與決策
8 服務導向
9 談判
10 認知彈性

二〇一五年

1 解決複雜問題
2 與他人協調
3 人力管理
4 批判性思考
5 談判
6 品質控制
7 服務導向
8 批判與決策
9 主動傾聽
10 創意

說故事流浪

二〇一五年，我成為了足跡遍布全球的遊牧民族。我變賣了名下的絕大多數財產，帶著兩個隨身行李，花了五百天到世界各地旅行。我這麼做的其中一個理由是，這是我將近二十多年來的夢想，另一個理由是，我在打造StoryU這個致力於教導商業界說故事技巧的線上教育平台時失敗了，我正在療傷，我們積欠了二十五萬美元，並犯了所有教科書上的典型錯誤，於是決定結束這個計畫。是時候把一切歸零，重新調整了。我拜訪並住過四個州的十二個國家，曾在溫哥華、孟買、里斯本、墨爾本、華沙、倫敦、紐約、舊金山和無數城市上台演講並舉辦說故事工作坊，同時親自或透過視訊會議領導我們遍及世界各地的客戶做故事衝刺。

我像是在**流浪**一樣，在說故事、創新與文化創造中執行全球性的民族誌研究，我在過程中重新找回真我，我們為了述說「我是誰」的故事而在身邊堆滿各種事物，我也沒有什麼兩樣，能夠單純靠著自己過生活令我感到放鬆愉快。

我探索了印度的靈性說故事傳統，我在阿姆斯特丹、倫敦以及里斯本的歐洲創新領域中與他人合作，我在澳洲的設計思維社群中找到了我的群落。我每去一個地方，就更瞭解我自己、我們共享的故事以及生命的普世主題。我也見證了我的故事如何存在於自身之外（感謝社群媒體），人們甚至會在還沒親眼見過我之前就上網搜尋我，他們會在我旅行到他們的城市之前就事先體驗我的故事。因此，他們展開雙臂迎接我，人們會為了款待我、與我交朋友以及合作而費盡心思，在這個人人都互相連結的年代，這種熟悉的可能性就像天賜的禮物，社群媒體大眾化了說故事的過程，然而能遇上這種事的前提是你願意分享自己的故事，讓自己被看見。

正如所有出色故事的走向，我後來墜入愛河，被命中注定的女人迷得神魂顛倒，當時我回到了曾住過兩年半的舊金山灣區落腳。而後在二〇一八年的夏季，也就是離開了洛杉磯的二十五年後，我又搬了回去，你可能還記得，我正是在洛杉磯度過青春期的，我在那裡以穿著吊帶短褲的瑞士男孩的身分體驗了痛苦的文化衝擊，接著轉變成一個無法靠著衝浪拯救生活的美國青少年。

你大可以說我們全都正在進行一趟未完的旅程，我們全都正走在漫長的歸家之路上。

每個人都有故事，每個人都可以說出自己的故事，這本書只不過是我的故事的一小部分，我希望你能在其中找到你自己的一小部分故事，也找到啟發，幫助你清楚傳達你的轉變故事，把它帶進世界中。我們生活在一個不可思議的年代，每個人都可以替自己的存在說故事，無論我們過去的故事為何，我們都可以重新想像、重新創造並重新改良一個新的未來，這是你的天生權利！也是我們生活的這個年代需要的事物，我們說出的故事造就了世界，若你想要改變世界，你必須先改變你的故事。

故事敘述者的核心將會成為故事的核心。

「依照我還算高明的見解，文字是最無窮無盡的魔法泉源。」

——鄧不利多教授

在這一章中，你可以學到……

- 摘要說明這段旅程
- 何時開始新故事
- 如何在過程中領導事情走向
- 建造組織才能
- 擁抱「說故事流浪」

附加參考資源 無法否決的故事的二十一個問題

第一步：看見它——改變的脈絡

1你在簡報時是否有將改變呈現為新的機會與可能？
2你的敘事描述的脈絡是否能產生共鳴？
3你在架構敘事時是否圍繞著多數人公認的真相？
4改變是否能有效建立並合理化你的敘事？
5哪些力量的聚合使你的敘事比過去任何年代還要真實？
6你的敘事及其描述的未來如何描述不可避免的結果？

第二步：感覺它——情緒兩難

7誰是敘事的核心（英雄或主角）？

8他們的困境為何？你是否描述了清楚的渴望與障礙？

9你的受眾是否會認同故事，並把自己投射進故事中？

10這個困境是否以鄭重且莊嚴的方式呈現出你的主角？

11故事的核心為何？你的受眾是否能夠全神投入，或者他們會轉移目光？

12若他們無法從這扇機會之窗獲得好處，會發生什麼事？

13還有哪些角色能使這個故事更有意義？

第三步：相信它——真相的證據

14你的受眾怎麼知道這個敘事是真實的？

15你為什麼有權利說出這個敘事？

16你能提供什麼證據來證明你的敘事？

17你使用哪種獨一無二且與眾不同的方式描述困境？

18哪些資產、知識和才能使你有能力履行承諾？

19這整件事是如何運作的？受眾還需要知道哪些事？

20 你要如何邀請受眾把敘事視為他們自己的敘事並推動它？

21 讓人們更加接近敘事的接下來幾個步驟是什麼？

十五個說故事原理

（取材自我的著作《相信我：翻轉家與創新者的說故事宣言》Believe Me: A Storytelling Manifesto for Change- Makers and Innovators）

1 人們真正購買的不是產品、服務或構想：他們買的是依附其上的故事。

2 你的品牌絕不只是名字、商標或標語而已，你的品牌是眾人用來了解你的故事。

3 每個故事都存在於故事自身與周遭事物的關係之中。

4 我們全都想要回顧自己的人生故事，確認這個故事是有道理的。

5 我們說的故事造就了我們的世界。

6 一旦越來越多人把你的故事當作他們眼中的真相，你的故事蘊含的力量就會呈現指數成長。

7如果你想要學習某個文化，請去傾聽故事。如果你想要改變一個文化，請去改變故事。

8領導者的領導方式，是透過說故事允許他人領導，而非允許他人追隨。

9說故事是人類最基礎的科技，而二十一世紀的創新使說故事出現快速成長。

10我們每個人都希望能用最像英雄的方式體驗自己的人生。

11沒人喜歡改變的故事，若我們無法控制這個改變的故事，我們更不可能喜歡它。人們真正需要的是具有連續性的故事。

12人類這個種族的命運蘊含在故事之中。專政與自由全都是由證據確鑿的敘事所建構出來的。

13說故事能帶來力量，是因為故事擺脫了「說出絕對真實」的需要。

14再造是新的故事線。

15說故事就像預測未來。選擇特定故事將能決定未來的可能結果。

致謝

從來沒有任何故事是一條直線。故事總是會在推進時帶來情節轉折。本書大部分內容是在太平洋海濱的海濱牧場旅館中寫成，最後在加州克弗城收尾。在這段期間，許多生命都經歷了轉折與改變。

非常感謝潔西・芬克斯坦（Jesse Finkelstein）和第二頁（Page Two）團隊，你們的協助讓我的願景得以成真。謝謝我的編輯伙伴彼得・伊科諾米（Peter Economy）、克莉希・卡亨（Frances Peck）和瑪姬・蘭格理克（Maggie Langrick）。我還要感謝彼得・考克（Peter Cocking）、泰莎・路易（Taysia Louie）以及和他們一起合作的喬登・薛爾特（Taysia Louie）提供的設計眼界。

若沒有我在傑出故事公司的團隊不知疲倦的支持與合作，這本書絕不可能付梓。裘蒂・貝普勒（Jodi Bepler），你堅定的信心和微笑對我來說就是全世界。丹妮爾・班內特（Danielle Bennett），謝謝你在最後一段路提供的出色貢獻。安琪拉・伊斯托維茲（Angela Ekstowicz）、卡洛琳・蒙克維克（Karoline Monkvik）和葛雷・戈德斯坦（Gary Goldstein），謝謝你們所做的每件事。我也要對我的朋友與同事們致上謝意，有了眾人的幫助才有這本書：珊德拉・威爾斯（Sandra Wells）、提姆・奧格威（Tim Ogilvie）、克莉斯汀娜・拉斯穆森（Christina Rasmussen）、潘姆・斯林穆（Pam Slim）、丹・梅基克（Dan Mezick）和無數其他朋友。

我的說故事技巧是從傑出的保羅・科斯特洛（Paul Costello）身上學習而來的。我還要感謝瑪德琳・布雷爾（Madelyn Blair）、賽斯・卡漢（Seth Kahan）、愛莉西雅・科登（Alicia Korten）、史帝夫・丹寧以及金羊毛（GoldenFleece）說故事實踐社群。此外，我會永遠感激德斯達・祖克曼（Desda Zuckerman）、大衛・基茲（David Kitts）與C－社群讓我在轉變的路上學到了最深切的知識。

我還要致上最深的謝意給我媽媽萊絲莉和我爸爸吉歐夫，他們的創意和工作倫理直至現在依然帶給我啟發，能夠回到位於洛杉磯的家感覺真的很棒，我們在每週一共進的晚餐是我每個禮拜最喜歡的夜晚時光。

到頭來，最棒的故事永遠都是愛的故事。

國家圖書館出版品預行編目資料

臉書、Google都在用的10倍故事力／麥可．馬格里斯 著；聞翊均 譯．-- 初版．-- 台北市：平安文化，2021.5
面；公分.--（平安叢書；第659種）（邁向成功；80）
譯自：Story 10x: Turn the Impossible Into the Inevitable

ISBN 978-986-5596-12-5（平裝）

494.35　　110005428

平安叢書第659種
邁向成功 80

臉書、Google都在用的10倍故事力

STORY 10X: TURN THE IMPOSSIBLE INTO THE INEVITABLE

作　　者—麥可．馬格里斯
譯　　者—聞翊均
發 行 人—平　雲
出版發行—平安文化有限公司
台北市敦化北路120巷50號
電話◎02-27168888
郵撥帳號◎18420815號
皇冠出版社(香港)有限公司
香港銅鑼灣道180號百樂商業中心
19字樓1903室
電話◎2529-1778　傳真◎2527-0904
總 編 輯—龔橞甄
責任編輯—平　靜
美術設計—李東記、李偉涵
著作完成日期—2019年
初版一刷日期—2021年05月

法律顧問—王惠光律師

讀者服務傳真專線◎02-27150507
電腦編號◎368080
ISBN◎ 978-986-5596-12-5
Printed in Taiwan
本書定價◎新台幣320元/港幣107元